U0174303

尺寸链那些事儿

子 谦 编著

机械工业出版社

本书采用人物对话的形式撰写，围绕尺寸链的应用案例展开，生动有趣，容易学习。以作者在企业中学习尺寸链的真实成长经历为主线，贴近企业实际状况，有利于快速掌握尺寸链这个工具，进而提高其设计和工艺工作的水平。本书按尺寸链计算工作的流程分为 4 章，第 1 章，阐述了尺寸链工作中最重要的一个环节：甄别封闭环；第 2 章，阐述了尺寸链工作中最复杂的一个环节：绘制传递图；第 3 章，阐述了尺寸链工作中最关键的一个环节：巧用计算法；第 4 章，阐述了尺寸链工作中最实用的一个环节：筛选解决环。本书内容由浅入深，符合认知规律，同时又充分结合国家相关设计手册，帮助读者更好地在实践中应用已有的技术资料。

本书可作为尺寸链相关培训的教材，也可供机械设计、机械加工工艺设计相关技术人员及机械相关专业师生使用。

图书在版编目（CIP）数据

尺寸链那些事儿/子谦编著. —北京：机械工业出版社，2022.7
（2025.1 重印）
ISBN 978-7-111-70846-9

Ⅰ . ①尺… Ⅱ . ①子… Ⅲ . ①尺寸链-普及读物 Ⅳ . ①
TG801.2-49

中国版本图书馆 CIP 数据核字（2022）第 090396 号

机械工业出版社（北京市百万庄大街 22 号 邮政编码 100037）
策划编辑：王晓洁 责任编辑：王晓洁
责任校对：张 征 王 延 封面设计：小徐书装
责任印制：常天培
北京机工印刷厂有限公司印刷
2025 年 1 月第 1 版第 7 次印刷
169mm×239mm · 7.5 印张 · 150 千字
标准书号：ISBN 978-7-111-70846-9
定价：35.00 元

电话服务 网络服务
客服电话：010-88361066 机 工 官 网：www.cmpbook.com
010-88379833 机 工 官 博：weibo.com/cmp1952
010-68326294 金 书 网：www.golden-book.com
封底无防伪标均为盗版 机工教育服务网：www.cmpedu.com

前　言

尺寸链是在零件加工或机器装配过程中，由互相联系的尺寸按一定顺序首尾相接排列而成的封闭尺寸组，是机械设计工作和工艺工作中不可或缺的一项技能。它可以帮助设计工程师在设计阶段发现可能存在的功能性问题，并及时合理优化零件的极限偏差。它也可以帮助工艺工程师在早期发现工艺过程的问题，比如黑皮等。

正确地使用尺寸链这个工具，可以提高设计和工艺工作的质量，降低制造成本，在产品开发早期杜绝一些可能发生的问题。

本书按尺寸链计算工作的流程分为 4 章。

第 1 章，阐述了尺寸链工作中最重要的一个环节：甄别封闭环。文中用 6 个不同的案例展开，一方面介绍封闭环的形成过程，另一方面，从多个角度展示封闭环可能存在的场景。

第 2 章，阐述了尺寸链工作中最复杂的一个环节：绘制传递图。包含挂面图、追踪法、珠帘图、几何矢量图、极限边界图、几何公差的传递图以及修饰符号的传递图。

第 3 章，阐述了尺寸链工作中最关键的一个环节：巧用计算法。本书把它分为两个部分：运算逻辑和运算数据。关于运算逻辑部分由第 2 章的传递图决定；关于运算数据操作部分，本书介绍了列表法，以及如何用 Excel 简化微积分法、极值法和概率法。

第 4 章，阐述了尺寸链工作中最实用的一个环节：筛选解决环。主要介绍了根据计算结果来判断问题所在，以及常规的解决方法。

本书特色如下：

1）本书以人物对话的方式展开，提高了可读性。

2）本书大量引用作者工作中遇到的实践案例，提高了内容的实践性。

3）为确保知识的完整性，本书同时介绍了零件设计尺寸链、装配尺寸链和工艺过程尺寸链。

本书所用图样仅限介绍尺寸链计算方法，不可用于指导制图工作。

本书中所用的尺寸链秒杀神器可扫描右侧二维码进行下载。

由于编者水平有限，书中难免存在错误和不足，恳请广大读者批评指正。邹昊、郭帆浩、徐成同志对勘误做了大量工作，在此深表感谢。

编　者

目 录

第1章

擒贼擒王——甄别封闭环

1.1 探寻封闭环及其公差来源

1.1.1 设备误差偶遇工艺基准不重合

设计工程师梦蝶来到车间，看见工艺工程师天阳正和车间主任陆静讨论着什么。走近细听得知原来是一个台阶轴套的合格率太低，天阳搞不定了，正向陆主任请教呢。

天阳："静姐，设备重复定位精度是 ±0.01mm，产品极限偏差却超过了 ±0.02mm（图 1-1），所以我有点想不通。"

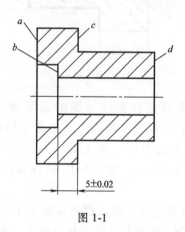

5±0.02

图 1-1

陆静："天阳同学，你问问题的角度就已经暴露了你解决不了这个问题。这个问题仅看设备精度是不够的，还得要看工艺路线是否有误差累积的现象。"

天阳："此零件由两道工序完成。OP10：车大端面、外圆和内孔。OP20：车小头外圆、端面（图 1-2、图 1-3）。"

陆静："非常好，我们基于以下两个前提对工艺加以分析。"

第一，设备精度为±0.01mm。

第二，忽略刀具和夹具的误差。

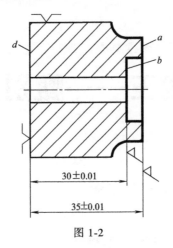

图 1-2

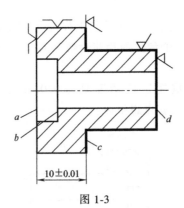

图 1-3

在 OP10 工序中，b 面到定位基准 d 面的实际加工尺寸为（30±0.01）mm（标记：G_{db}），同时 a 面到 d 面的实际加工尺寸为（35±0.01）mm（标记：G_{da}），如果我们画出这两个尺寸的公差带（图 1-4），从图中可以得出 a 面到 b 面之间的实际尺寸范围是 4.98~5.02mm，即（5±0.02）mm，而这个尺寸的误差将直接传递到 OP20。

在 OP20 工序中，c 面到定位基准 a 面的实际加工尺寸为（10±0.01）mm（标记：G_{ac}），用同样的方法把 c 面的尺寸范围标注出来（图 1-5），即可算出在 OP20 工序后，b 面与 c 面之间的尺寸 L_{bc} =（5±0.03）mm。"

天阳："原来如此。b 面与 c 面之间的尺寸不是由某一工序直接控制的，而是由 OP10 中 G_{db}、G_{da} 和 OP20 中 G_{ac} 三个尺寸间接控制，所以这三个尺寸所在工序的设备误差将累积到 L_{bc} 这一个尺寸上。那么可以得出以下结论：

第一，L_{bc} 是最后形成的环，即封闭环。

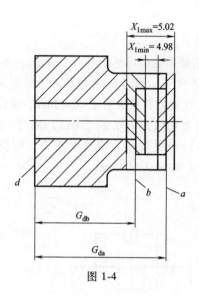

图 1-4

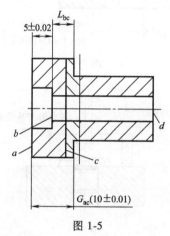

图 1-5

　　第二，这种工序之间定位基准变化的现象被称为工艺基准不重合，它将导致误差累积。"

　　陆静："没错，我们常用到的两个名词包括'封闭环'和'工艺尺寸'，还有四个工艺中常用的符号标识，M_{ac}、G_{ac}、L_{ac}、Z_{ac}。"

> 封闭环：尺寸链图中，在装配过程或加工过程中最后间接形成的一个环，且它的公差值由其他尺寸的公差间接计算而来。国家标准用 A_0 或 A_g 表示，本书用 X 表示。
>
> 工艺尺寸：工艺文件中规定的各工序或工步中要保证的尺寸，包括：工序尺寸、对刀尺寸、毛坯尺寸、测量尺寸。
>
> M_{ac}：毛坯尺寸。G_{ac}：加工尺寸。L_{ac}：测量尺寸。Z_{ac}：余量尺寸。

1.1.2 夹具定位误差

陆静："考考你们，用圆销定位环形工件（图1-6），铣槽尺寸为（5±0.02）mm，在忽略机床和刀具误差的条件下，请问5mm槽相对于基准A的对称度是多少?"

天阳："我来试一下，工件内孔最大值是φ20.2mm，定位销尺寸是$\phi 20.0_{-0.013}^{0}$mm，则销与工件内孔的单边最大间隙是（0.2+0.013）mm/2=0.1065mm（图1-7）。又因为机床中心（刀具中心）与夹具中心理论上重合，则铣槽位置相对夹具中心不变，所以槽相对于工件中心将偏0.1065mm。

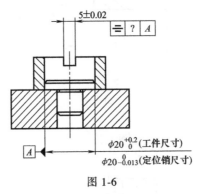

图 1-6

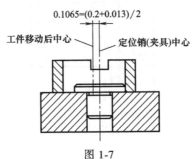

图 1-7

同样工件可以向右侧移动同样距离（图1-8），而获得同样的对称度，所以槽相对于基准面A的对称度为0.1065mm×2=0.213mm。"

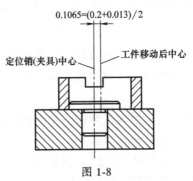

图 1-8

1.1.3 零件误差

梦蝶："陆主任，我也听懂了。我手上的一个总成图忘记算尺寸链了，但是我不知道谁是封闭环。"

天阳："说来听听。"

梦蝶打开手中图样（图1-9）。

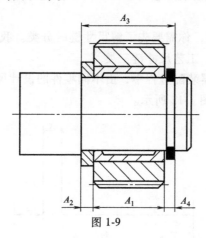

图 1-9

梦蝶："根据表1-1，可以算出垫片+齿轮+卡簧总长为（60±0.3）mm，而轴上安装卡簧的槽的尺寸为（60±0.2）mm，所以有可能无法安装卡簧哦。"

表 1-1 （单位：mm）

序号	零件名称	尺寸及极限偏差	标记
1	垫片	5±0.1	A_2
2	齿轮	50±0.1	A_1
3	卡簧	5±0.1	A_4
4	卡簧槽	60±0.2	A_3

陆静："嗯，你们要注意，前面两个案例是典型的工艺尺寸链。而梦蝶的是一个产品尺寸链，产品尺寸链的封闭环往往需要做假设处理。"

说完，陆静拿笔画起图来（图1-10，在图1-9基础上增加了一个环 X）。

陆静："我们关心的问题是卡簧可否安全装入，而成功装配的条件是有间隙，所以我们先假设齿轮和卡簧间有一个间隙 X，通过计算如果 X 大于零，就说明有间隙可以装配，如果小于零，则会干涉，导致无法装配。"

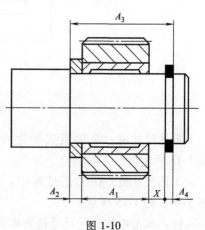

图 1-10

1.2 建立尺寸链

1.2.1 尺寸链的分类

梦蝶:"静姐,也就是说这里要假设出一个标记为 X 的封闭环。我想问,什么情况下要假设?"

陆静:"很好的问题,你需要先了解尺寸链的分类。我们可以将尺寸链分为装配尺寸链、零件尺寸链、工艺尺寸链三类。"

装配尺寸链:在机器装配过程中,由不同零件的设计尺寸相互关联形成封闭的尺寸组合,如图 1-11、图 1-12 所示。

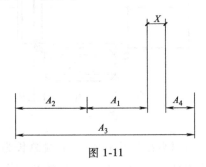

图 1-11

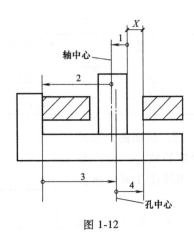

图 1-12

零件尺寸链:全部组成环为同一零件上的设计尺寸所形成的尺寸组合,如图 1-13 所示。

工艺尺寸链:在工艺过程中,由工艺尺寸形成的相互关联的尺寸组合,如图 1-14、图 1-15 所示。

注:本书中将装配尺寸链和零件尺寸链统称为产品尺寸链。

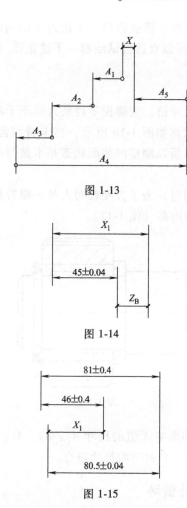

图 1-13

图 1-14

图 1-15

陆静："在工艺尺寸链中，研究的对象一般有两种。

第一种是某个尺寸（例如图 1-1 中（5±0.02）mm）的起止面不在同一道工序中加工而成，而这个尺寸在工艺文件上会作为需要测量尺寸标出，或是产品图上的完工尺寸，所以不用假设。

第二种是余量环。这种尺寸在一般的工艺文件和产品图上没有标出，当需要研究它时，我们需要假设，并标记为 Z。

在装配尺寸链中，其计算的目的是零件可否成功装入对手件，或装配成功后零件之间的位置关系（有时会用方向误差数据作为依据），换句话说就是零件与零件之间要有间隙。当总装图上未标注时，我们需要假设。

在零件尺寸链中，其目的是用于研究壁厚是多少，是否破边，以及某个零件图未标注但影响工艺或装配的尺寸，所以也是要假设的。"

梦蝶："知道了，可否概括为：图样和工艺文件上未标注，但会影响工艺或装配的尺寸，要研究这个尺寸时，需要假设一个记为 X 的封闭环。"

陆静："对，很好！你可以自己尝试绘制一下这张图（图 1-10）的尺寸链图。"

1.2.2 绘制尺寸链图

第一，这是一个装配尺寸链，为确保零件装入而不干涉，则必须有间隙。

第二，此结构的失效状态如图 1-16 所示，当卡簧与齿轮贴平后卡簧右边的材料无法装入轴上的卡簧槽，所以期望的装配状态是卡簧与齿轮之间有间隙，这样卡簧可以装入槽内（图 1-10）。

第三，画产品尺寸链图时，为了方便校对人员一眼看到封闭环，尽量让封闭环 X 与其他环之间保持更远的距离（图 1-12）。

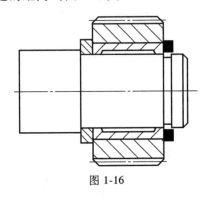

图 1-16

第四，在装配图中找到影响 X 值的尺寸 A_1、A_2、A_3、A_4 作为子环，放入到尺寸链图中（图 1-11），形成一个封闭的尺寸组合。

1.2.3 增环、减环和补偿环

陆静看着梦蝶绘制的尺寸链图（图 1-11）表示赞赏。

陆静："好的，再问你们一个问题，图中有 A_1、A_2、A_3、A_4 四个子环，这四个子环对 X 的影响有什么不同呢？"

天阳："这个问题简单，就是增减环的区别，其中 A_1、A_2、A_4 三个环的值增加，会导致封闭环值减少，所以这三个环是减环；相反，A_3 的值增加会导致封闭环 X 的值增加，为增环。"

陆静："很好，定义记得很准确。那么什么是补偿环呢？"

梦蝶："这个我知道，如果出现失效情况时（图 1-16），我们可以把子环 A_2 代表的垫片换成更薄尺寸的，或者把这个垫片切薄，直到卡簧可以完全放入槽内。这种预先选定的某一子环，可以通过调整它的大小或位置而使封闭环满足要求的称为补偿环。"

陆静："很好，知道这些知识点后，你们就可以进行计算了。"

1.2.4 基本计算公式

陆静："根据下面的思路，推导出基本公式。"

第一步：标记各环公称尺寸和极限偏差。

封闭环：$X \pm T$

A_i 环：$A_i \pm T_i$

第二步：计算封闭环最大值和最小值的表达式

$$X_{\max} = (A_3 + T_3) - (A_1 - T_1) - (A_2 - T_2) - (A_4 - T_4) \tag{1-1}$$

$$X_{\min} = (A_3 - T_3) - (A_1 + T_1) - (A_2 + T_2) - (A_4 + T_4) \tag{1-2}$$

第三步：求封闭环公称尺寸 X

$$X = \frac{X_{\max} + X_{\min}}{2}$$

$$= \frac{[(A_3 + T_3) - (A_1 - T_1) - (A_2 - T_2) - (A_4 - T_4)] + [(A_3 - T_3) - (A_1 + T_1) - (A_2 + T_2) - (A_4 + T_4)]}{2}$$

$$= \frac{2 \times A_3 - 2 \times (A_1 + A_2 + A_4)}{2} = A_3 - (A_1 + A_2 + A_4)$$

结论：封闭环公称尺寸为所有增环公称尺寸之和减去所有减环公称尺寸之和，数学表达式为

$$X = \sum_i^n A_{i增} - \sum_j^m A_{j减} \tag{1-3}$$

第四步：求封闭环极限偏差 T

$$T = \frac{X_{\max} - X_{\min}}{2}$$

$$= \frac{[(A_3 + T_3) - (A_1 - T_1) - (A_2 - T_2) - (A_4 - T_4)] - [(A_3 - T_3) - (A_1 + T_1) - (A_2 + T_2) - (A_4 + T_4)]}{2}$$

$$= \frac{2T_1 + 2T_2 + 2T_3 + 2T_4}{2} = T_1 + T_2 + T_3 + T_4$$

结论：封闭环极限偏差等于所有子环极限偏差之和，数学表达式为

$$T = \sum_i^n T_i \tag{1-4}$$

陆静："上面的公式仅应用于直线尺寸链，如果遇到矢量尺寸链，也就是传递系数不等于±1 的情况时，此公式是不适用的，矢量尺寸链的计算方法我们在3.4.3 节讨论。"

1.2.5 列表法

陆静："现在，我相信你们都会用上面公式手工计算出结果，但是这种计算方法有两个缺点。

第一，复杂的尺寸链手工计算工作量大。

第二，只要有一个数据取值错误就将导致计算结果错误，而且无法查找出错点在哪里。

所以我们通常用列表计算法结合 Excel 表格使用（图 1-17）。”

天阳：“这个方法好，它将隐性的计算过程显性化了。也将所有运算数据与运算逻辑都分别体现出来了，无论是运算逻辑错误还是运算数据错误，都可以直观地看到。”

	A	B	C	D	E	F	G
1	序号	环名称或标记	公称尺寸			公差	
2			增环	减环			
3	A_1						
4	A_2						
5	A_3						
6	A_4						
7	A_5						
8	A_6						
9			=SUM(C3:C8)	=SUM(D3:D8)			
10			封闭环	= C9 - D9	±	=SUM(F3:F8)	

H：

1，A_1…A_6是尺寸链环代号。

2，B列记录环名称，以备与其他环的区别。

3，C列记录增环对应的公称尺寸数值。

4，D列记录减环对应的公称尺寸数值。

5，F列记录各环的公差值。

图 1-17

1.3 尺寸链的应用

1.3.1 二类封闭环的研究对象

梦蝶：“静姐，前面的我都听懂了。但还有一个新的结构不知道如何画尺寸链图，这个结构由两个 L 型板加上一个底座装配而成（图 1-18），希望装配后两个 L 型板侧面之间的尺寸是（5±0.1）mm。这是零件尺寸（图 1-19，图 1-20）。”

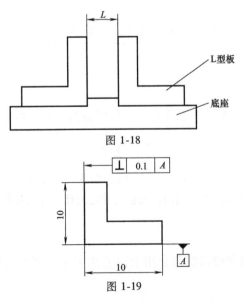

图 1-18

图 1-19

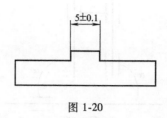

图 1-20

陆静："哦，这是个好问题，之前我们讨论的封闭环的研究对象都是位置尺寸，而现在这个是角度尺寸哦。角度尺寸链图是要复杂一点。

我们假设底座（5±0.1）mm的尺寸为完美的5mm，这是L型板在满足垂直度要求的极限尺寸（图1-21），侧面顺时针倾斜与竖直方向产生 α 的夹角。总装后（图1-22）L型板顶部间距受到 α 角带来的影响而减小，所以两个侧面之间除了要考虑底座台阶（5±0.1）mm带来的位置误差，还要研究角度环的误差累积。

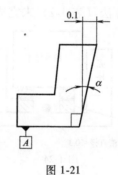

图 1-21

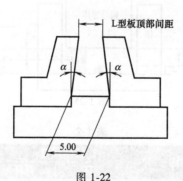

图 1-22

建立角度尺寸链图（图1-23）：封闭环两端用双短线表达，如图1-23中 β 角；为了区分子环和封闭环，子环尺寸线的一端用箭头表示。"

天阳："图是看明白了，但是如何计算 β 的极限偏差值呢？"

陆静："关于这一点我们以后再重点研究（见3.1.5节）。"

11

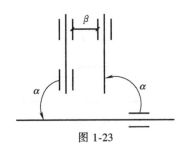

图 1-23

1.3.2 研究未知子环的公称尺寸与极限偏差

梦蝶："静姐，我想我的一个问题可以得到解决了。此图（图 1-24）是一个无线电信号发射器，我们的任务是确定绝缘垫块的设计尺寸和极限偏差。壳体内壁粘有直径小于 0.3mm 的焊渣，要求焊渣表面到信号导体表面的距离必须大于 0.2mm，否则会有电流击穿的风险，在忽略壳体和信号导体表面形状误差的情况下，可以用尺寸链图（图 1-25）和列表计算法（表 1-2）来完成，只要解出未知数 X 即可。"

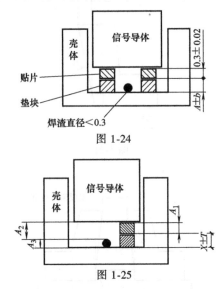

图 1-24

图 1-25

表 1-2

环	名称	公称尺寸		极限偏差值
		增环	减环	
A_1	贴片厚度		0.3	0.02
A_2	间隙0.2~y[①]	$(0.2+y)/2$		$(y-0.2)/2$
A_3	焊渣直径	0.15		0.15
		$0.25+y/2$	0.3	
	封闭环极限尺寸	$(y/2-0.05) \pm (y/2+0.07)$		

① 为了不与封闭环符号 X 混淆，A_2 的尺寸用 $0.2~y$ 表示。

陆静："封闭环的一个特点是公称尺寸和公差值由其他环计算而来，往往让人认为未知值的公称尺寸和公差的环就是封闭环。其实人们忽略了封闭环的另一个本质的特点，封闭环是装配或加工过程中最后形成的，也就是装配之前封闭环的尺寸是未知的。而垫块的公称尺寸与公差在装配前后是不会变的，所以只是一个子环。而符合封闭环本质特点的环是壳体与信号导体表面之间的距离。"

天阳："啊，我明白了，尺寸链图应该如图 1-26 所示，计算列表为表 1-3。垫片厚度的极限偏差 $T2$ 的值与设备工艺水平有关，这个比较简单。计算 A_2 的值要麻烦一点，建个不等式确保最小间隙大于 0.2mm 即可。"

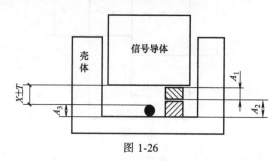

图 1-26

表 1-3

环	名称	公称尺寸		极限偏差值
		增环	减环	
A_1	贴片厚度	0.3		0.02
A_2	垫片厚度	A_2		T_2
A_3	焊渣直径		0.15	0.15
		A_2+0.3	0.15	
	封闭环极限尺寸$(A_2+0.15) \pm (T_2+0.17)$			

1.3.3 余量环

天阳："静姐，我也有个加工黑皮的问题，不知是否可以用尺寸链解决？"

陆静："讲吧！"

天阳："毛坯如图 1-27 所示，产品如图 1-28 所示。这次我知道了，要根据工艺路线才可以解决问题，共有两道工序，OP10 如图 1-29 所示车大头端面，OP20 如图 1-30 所示车小头端面和台阶。"

陆静："这又是一个新问题，它是工艺尺寸链中的一种应用情况，我们要在工艺图上假设一个余量环，才可以解决。如图 1-31 所

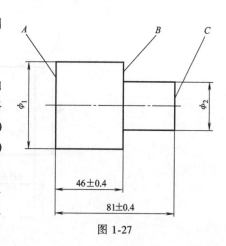

图 1-27

示，尺寸 (45 ± 0.04) mm 右侧延长线代表经 OP20 加工后的 B 面，X_1 右侧延长线代表未经加工前的 B 面。这两线之间加上剖面线并标记为余量环 Z_B，代表 B 面的加工余量。于是得出图 1-14 的尺寸链图。当我们知道 X_1 的公称尺寸和极限偏差时，就可以算出 Z_B 的值。"

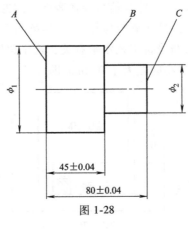

图 1-28

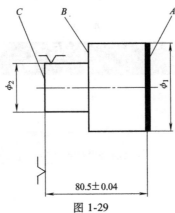

图 1-29

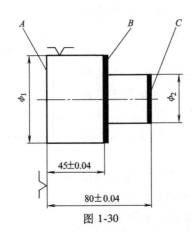

图 1-30

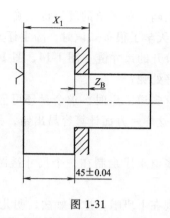

45±0.04

图 1-31

余量环：用尺寸链求解机加工的实际余量时，需要把余量定义为封闭环，简称为余量环。

天阳："根据 OP10 可以绘制尺寸链图如图 1-15 所示，用列表计算法（表 1-4）计算出 $X_1 = (45.5 \pm 0.84)$ mm。"

表 1-4

环	名称	公称尺寸		极限偏差值
		增环	减环	
A_1	OP10工序尺寸	80.5		0.04
A_2	毛坯尺寸		81	0.4
A_3	毛坯尺寸	46		0.4
		126.5	81	
	封闭环极限尺寸	45.5 ±		0.84

梦蝶："然后将 X_1 的值代入 OP20 列表计算法的表 1-5 中，得出 $Z_B = -0.38 \sim +1.38$ mm。当 Z_B 值小于零时，表明 OP20 刀具走空，没切到工件表面，所以出现黑皮，对吗？"

表 1-5

环	名称	公称尺寸		极限偏差值
		增环	减环	
A_1	X_1	45.5		0.84
A_2	OP20工序尺寸		45	0.04
		45.5	45	
	封闭环极限尺寸	0.5 ±		0.88

陆静："很好，计算值正确，对 Z 值的理解也正确，恭喜二位。"

当天阳和梦蝶正得意今天学了很多知识时，陆主任又提问了。

陆静："两位把这两个分开的尺寸链（图1-14、图1-15）合并一下吧。"

天阳："合并了有什么好处呢？"

陆静："如果一个零件有多道工序时，求余量环可能要用到好几道工序的工艺尺寸，如图分开画尺寸链图这样一方面计算容易出错，另一方面很难知道最有效的调整方案是哪个尺寸。"

梦蝶："哦，可是要将多道工序绘制在一个尺寸链图上是比较难的，静姐，你一定有好方法吧？"

陆静："当然有，不过现在下班啦，欲得妙法，明儿再来吧。"

《封闭环之歌》

封闭环很好玩，兜兜绕绕几道弯，几序误差几次传。

哎，公差累积因何缘？设备来料有遗传，夹具定位工艺难。

再来假设余量环，剖析黑皮不再难，只当它是封闭环。

练 习 题

1. 尺寸链计算最重要的是确定_____。

2. 封闭环的研究对象通常有两类：_____，_____。

3. 在尺寸链分析中，如果无法绘制尺寸链传递图时，我们常用的解决方案是_____。

4. 某部件装配后形成的一个尺寸不满足图样要求，将装配后的部件再加工一刀，这个环被称之为_____。

5. 在工艺过程中，导致误差累积的原因_____。

A. 设备精度+基准变换　　B. 来料误差　　C. 夹具定位结构　　D. 封闭环

第2章

顺藤摸瓜——绘制传递图

2.1 传递图

2.1.1 传递图的形式

天阳晚饭后在宿舍计算机上查找尺寸链的相关资料，发现尺寸链图也可以用传递图表示。从形式上看有如下区别：

图 2-1 为传统的尺寸链图画法，链环用双箭头表示。

图 2-2 为传递图，链环用单箭头表示，箭头从封闭环左端开始逐个传递到封闭环右端，箭头方向与传递方向保持一致。

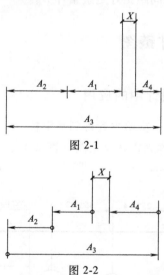

图 2-1

图 2-2

2.1.2 传递图的优点

传递图的优点主要有以下两方面。

第一，传统尺寸链图需要逐环判断其增减性，而传递图则可直接根据箭头方向判断环的增减性。箭头向左向下的环代表减环，箭头向右向上的环代表增环。

第二，单箭头逐个传递，不会因为链环太多而导致漏环或多环。

2.1.3 传递图案例

天阳尝试绘制黑皮案例中余量环的传递图，如图 2-3 所示。

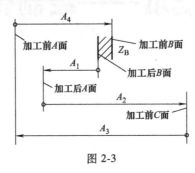

图 2-3

A_1 环：从封闭环左侧（加工后 B 面）开始到 OP20 定位基准（加工后 A 面）。

A_2 环：从加工后 A 面到 OP10 定位基准（加工前 C 面）。

A_3 环：从加工前 C 面到加工前 A 面。

A_4 环：从加工前 A 面到加工前 B 面的位置，正好形成一个封闭的尺寸组合。

同时，加工前后 B 面的间距正好是余量环 Z_B。

2.2 线性尺寸的尺寸链图

2.2.1 尺寸链在零件设计中的应用

梦蝶绘制了一张零件图，交给主管肖剑平审核。

肖剑平："梦蝶，如果你来审核这张图（图 2-4），在不考虑零件装配等其他问

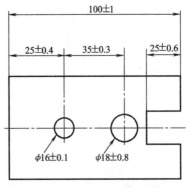

图 2-4

题时，仅看这张图上的尺寸，你有没有什么问题会担心呢？"

梦蝶："看不出来哦。"

肖剑平："这个直径 18mm 的孔的边缘和深 25mm 的槽底部之间的距离会不会太近，而导致在极限状态下破壁呢？"

梦蝶："啊，我知道了，可以用尺寸链来计算一下。传递图（图 2-2）中封闭环 X 就是孔槽边缘的壁厚。如果计算结果小于零，则说明破壁了。"

肖剑平："是的，这就是尺寸链在零件设计中的作用。表面上是在计算零件的壁厚，而实际上壁厚影响着零件的功能。如最小壁厚决定了零件的强度，又或者会影响到零件的装配情况。"

2.2.2 直径环的处理

梦蝶："领导，我有个问题。A_1 环的尺寸是半径，但图样上标注的是直径。我们如何转换成 A_1 的公称尺寸和极限偏差呢？"

肖剑平："这个很简单，如图 2-5 所示，两个虚线圆分别代表的是此孔直径最大值 18.8mm 和最小值 17.2mm，而图中的 $R9.4mm$、$R8.6mm$ 是这个孔半径的最大和最小值。所以 A_1 的取值是 8.6~9.4mm，改成对称结构即为 $A_1 = R(9\pm0.4)mm$。"

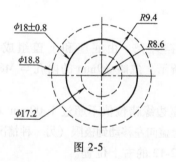

图 2-5

2.2.3 孔轴同中心结构的装配

梦蝶："谢谢领导！我想起来昨天的几套图样可能也要做尺寸链分析，我先走。"

梦蝶拿出三张图样：零件图 2-6 和图 2-7、装配图 2-8。

凭借机械工程师的专业直觉，她开始担心一个问题，这两个零件是否可以如图 2-8 所示安全装配呢？而这个问题的关键点在于装配之后，孔和轴侧壁之间是否有间隙。

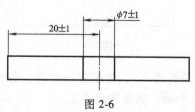

图 2-6

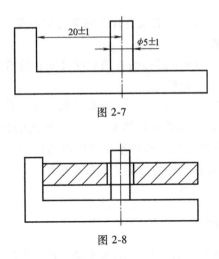

图 2-7

图 2-8

于是用陆静主任教的方法，在轴的右侧，假设一个封闭环 X（孔轴结构左右对称，所以算一侧即可），绘制传递图（图 1-12）。

注意：这种结构的装配图中孔和轴的中心是重合的，并用同一中心线表示，但在实际装配中孔和轴的中心是分开的。

2.2.4 装配偏移

第二套图样是一个铃铛外壳，由底座和上盖组成，通过 1 个螺栓锁紧，如图 2-9、图 2-10、图 2-11 所示。忽略 $\phi 9mm$ 的内孔与 M8 螺纹孔相对于自身外圆的同心误差。

专业直觉：上盖与底座边缘错位值不超过 1.00mm（客户外观要求）。

极限状态：图 2-12 中上盖向左移动到极限（另一种情况是向右移动到极限）位置。

假设：封闭环 X 在图 2-12 的右上位置。

传递图 2-12 共 5 个环。

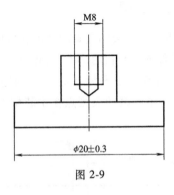

图 2-9

计算结果：列表计算法见表 2-1，为了方便计算，忽略螺栓的误差，直接记为 8.00mm。得出 $X = 0.1 \sim 0.9mm$，满足客户要求。

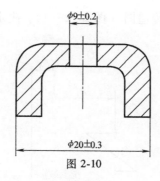

图 2-10

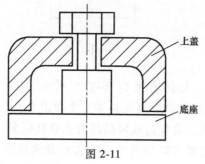

图 2-11

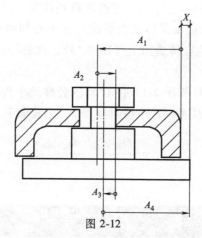

图 2-12

表 2-1

环	名称	公称尺寸		极限偏差值
		增环	减环	
A_1	上盖外圆半径		20/2	0.3/2
A_2	上盖孔半径	9/2		0.2/2
A_3	螺栓半径（按8mm计算）		8/2	0
A_4	底座外圆半径	20/2		0.3/2
		14.5	14	
	封闭环极限尺寸	0.5 ±	0.4	

肖剑平看到梦蝶绘制的传递图（图 2-12）后，决定传授她一种简化的绘制方法，如图 2-13 所示。

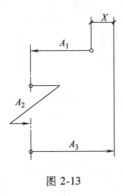

图 2-13

梦蝶："领导，请问，如何理解 A_2 环呢？"

肖剑平："处理这种结构时，要先补充三个知识点：

第一，固定螺栓结构，螺栓与底座的螺纹孔直接锁紧，装配后无法相互移动。

第二，对称结构，上盖可以如图 2-12 向左移动到极限（用 A_2、A_3 两环表达），也可向右移动到极限，并有与 A_2、A_3 对称的链环体现，计算结果也一致。

第三，链环误差叠加的结果体现在装配后孔中心和轴中心相互偏移的距离上，用 'Z' 字形链环 A_2 表达在传递图上（图 2-13），此链环被称为装配偏移，简写符号 AS。"

梦蝶："那么，如何计算图 2-13 中 A_2 环的公称尺寸和极限偏差呢？"

肖剑平："孔最大值减去轴最小值再除以 2，公式如下，计算见表 2-2。"

$$AS = \pm \frac{D_{孔 \cdot max} - d_{轴 \cdot min}}{2} \qquad (2-1)$$

表 2-2

环	名称	公称尺寸		极限偏差值
		增环	减环	
A_1	上盖外圆半径		20/2	0.3/2
A_2	装配偏移		(9.2-8) /2	
A_3	底座外圆半径	20/2		0.3/2
A_4				
		10	10	
	封闭环极限尺寸	0		± 0.9

梦蝶："这个 AS 装配偏移的概念太好了，在如图 2-14 所示的浮动螺栓结构中有妙用。"

肖剑平："愿闻其详。"

梦蝶："根据专业直觉，极限状态的传递图（图2-15）共7个环，看起来很复杂，用上AS就可以简化成如图2-16所示。"

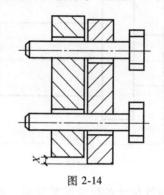

图 2-14

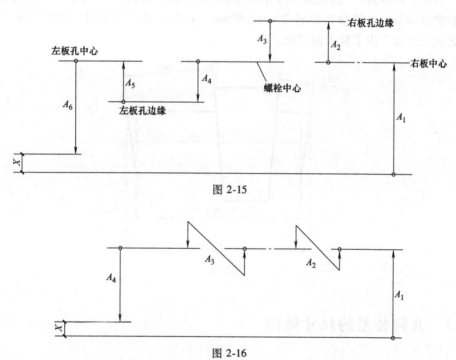

图 2-15

图 2-16

2.2.5 极限偏差尺寸链的弊端

肖剑平给梦蝶出了一个难题，他拿出了一个零件实物，图样如图2-17所示。三个尺寸（20mm、60mm、100mm）测量都合格，问梦蝶，A面到B面之间的实际尺寸是多少？

梦蝶用尺寸链的方法计算出A面到B面之间的尺寸为（20±0.8）mm。但测量结果却是最大值为21.2mm，最小值为19.00mm。梦蝶对此产生了疑惑。

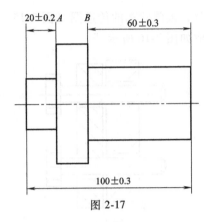

图 2-17

肖剑平解释道："这是线性尺寸的尺寸链的弊端，如图 2-18 所示，零件表面发生轻微的倾斜，虽然没有影响 20mm、60mm、100mm 这三个尺寸，却使 A 面到 B 面之间的距离发生了较大的变化。"

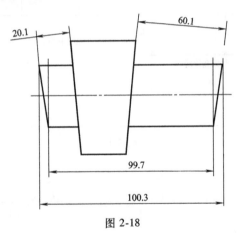

图 2-18

2.3 几何公差的尺寸链图

2.3.1 形状公差

两个一样的薄板（图 2-19）叠加（图 2-20），请问 X 的最大值受平面度数值影响吗？

肖剑平："图 2-19 中零件最极端的状况是什么？"

梦蝶："如图 2-21 所示，材料最多时，上下面表面的距离为 20.2mm。在包容原则下，为保持这种极限状态，上下表面不允许有任何形状误差。而且当这种情况下的两个零件装配成图 2-20 时，得到 X 的最大值为 40.4mm。反之，材料最少状态下，两个零件装配得到 X 的最小值为 39.6mm。因此平面度不影响 X 的值。"

肖剑平："推理正确，在包容原则的作用下，不仅平面度不会产生叠加，而且圆度、圆柱度、直线度也不会产生叠加哦。"

梦蝶："那有没有什么情况下，形状误差会产生叠加呢？"

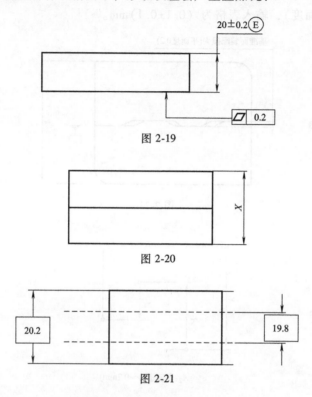

图 2-19

图 2-20

图 2-21

2.3.2　无间道——基准面的平面度误差

肖剑平："当零件图标注改为如图 2-22 所示时，下表面平面度的值将会影响图 2-20 中 X 的值。"

梦蝶："图 2-22 中零件的下表面为基准 A，测量轮廓度时按模拟基准法，找基

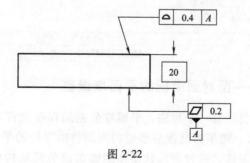

图 2-22

准面 A 的最高点为基准。如果两个凹凸不平的基准面 A 正好出现如图 2-23 所示的装配情形，也就是对手件的最高点与最低点相互嵌入。带来的影响是最小值将减少 0.2mm（平面度公差）。"

肖剑平："回答正确。传递图如图 2-24 所示，列表计算法见表 2-3，A_2 的值为 0~0.2mm（平面度），输入表格为（0.1±0.1）mm。"

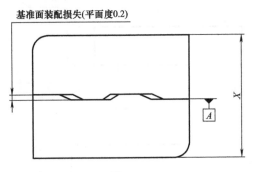

图 2-23

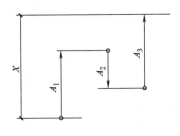

A_2：无间道(0~0.2mm)

图 2-24

表 2-3

环	名称	公称尺寸		极限偏差值
		增环	减环	
A_1	下板厚	20.00		0.20
A_2	无间道		0.10	0.10
A_3	上板厚	20.00		0.20
		40.00	0.10	
	封闭环极限尺寸	39.90 ±		0.50

2.3.3 起止面——面对面装配的平面度误差

梦蝶："领导，我还有一个想法。平面度公差的存在允许零件表面产生高低不平的形状波动，那么，两平面装配后形成的间隙将由零件的平面度误差决定。"

肖剑平："嗯，很棒。这种带形状误差的面对面装配结构中，从其中一个面开始到对面平面之间的间隙问题，我们称为起止面问题。如图 2-25 所示，假设工件 *A* 的上表面完美（平面度误差为零），工件 *B* 的下表面平面度为 0.3mm，极限状态会向内凹 0.3mm，使 *A*、*B* 两工件之间产生 0.3mm 的间隙。"

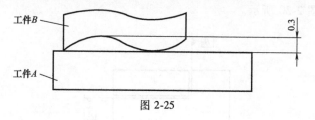

图 2-25

2.3.4　悬空起止面

等梦蝶理解后，肖剑平继续列举了悬空起止面的结构（图 2-26），绘制传递图（图 2-27），计算列表见表 2-4。

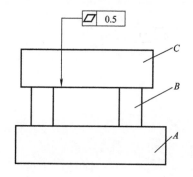

工件*A*上表面完美

工件*B*是垫块，高度为5mm(假设完美状态)

工件*C*下表面平面度为0.5mm

图 2-26

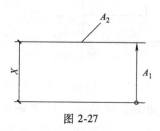

图 2-27

表 2-4

环	名称	公称尺寸		极限偏差值
		增环	减环	
A_1	工件*B*高度	5.00		0.00
A_2	悬空起止面-平面度			0.50
A_3				
		5.00	0.00	
	封闭环极限尺寸	5.00 ±		0.50

2.3.5　方向公差

图 2-28 所示为两个零件的装配图，一个为 L 型板，一个为一字型板。零件图样如图 2-29、图 2-30 所示。

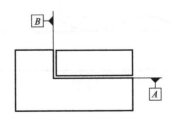

装配要求：*A*、*B*两基准面贴平。

图 2-28

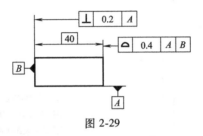

图 2-29

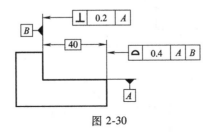

图 2-30

肖剑平："如果两个零件测量结果恰好一致，长度都正好是 40.00mm，垂直度都是 0.2mm。那么装配方式如图 2-28 所示，*A*、*B* 两面贴平后，两个零件右侧的偏差是多少？"

梦蝶："领导，长度测量结果都是 40.00mm，也就是两个一样长度的零件，左边对齐后，右边自然也对齐了呀，所以偏差为零。"

肖剑平绘制出极限边界状态图（图 2-31）。由于测量使用模拟装配基准法，*B* 基准在两个零件中分别由各自的最高点决定，所以在第二基准的方向误差往往也会产生无间道。

梦蝶："啊，我明白了，但还有哪些情况会有无间道以及取值要求？"

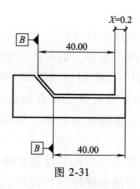

图 2-31

无间道：两个基准平面组成面对面装配结构时，基准面的形状或方向误差将会影响封闭环误差叠加，这种现象称为无间道，出现的条件、取值要求等见表 2-5。

表 2-5

基准面类型	基准	符号	大面是小面的 10 倍	无间道取值
平面	第 1	平面度	小于	取平面度数值小的
			大于	取装配面积大的
	第 2	方向公差	小于	取方向公差值较小的
			大于	取装配面积大的

2.3.6 位置度

如图 2-32 所示，带孔的长方形板，孔直径为（20±0.3）mm，位置度为 $\phi 0.4$ mm。

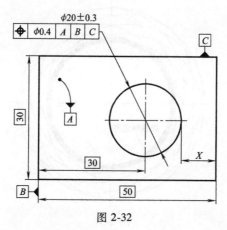

图 2-32

专业直觉：孔右侧壁厚可能破裂。

极限状态：孔直径最大，孔中心向右移动到极限。

封闭环：孔右侧壁厚 X。

再往下梦蝶遇到了难题。在这个尺寸链中有一个尺寸是半径的子环，但是这个子环有直径偏差和位置度公差两个来源，如何体现到传递图上呢？

肖剑平："此事不难，我们可以借用机械原理中内外包络边界的知识点。

孔的外包络边界（OB）的形成条件是孔直径最大时，以最大位置度值旋转一周留下轨迹，然后用一个最小外接圆向内收缩使其包裹刚才的轨迹，这个外接圆就是外包络边界，如图 2-33 所示。

注意两点：一、该包络边界中心为孔的理论正确中心。

二、此时将得到最小壁厚（封闭环）。"

梦蝶："与之相反，孔的内包络边界（IB）如图 2-34 所示。

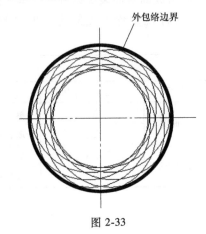

外包络边界

图 2-33

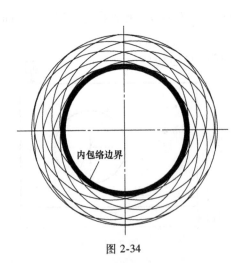

内包络边界

图 2-34

孔的内包络边界（IB）的形成条件是孔直径最小时，以最大位置度值旋转一周留下轨迹，然后用一个最大内接圆向外膨胀使其包裹刚才的轨迹，这个内接圆就是内包络边界。

注意两点：一、该包络边界中心为孔的理论正确中心。

二、此时将得到最大壁厚（封闭环）。"

肖剑平："很好，如图 2-35 所示，这个半径子环的最大、最小值分别是 OB 的一半和 IB 的一半。取值公式如下。"

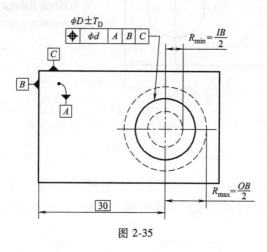

图 2-35

$$OB = D + T_D + d \tag{2-2}$$

$$IB = D - T_D - d \tag{2-3}$$

$$R_{min} = \frac{IB}{2} = \frac{D - T_D - d}{2} \tag{2-4}$$

$$R_{max} = \frac{OB}{2} = \frac{D + T_D + d}{2} \tag{2-5}$$

由式（2-5）和式（2-4）得

半径环的公称尺寸

$$R = \frac{R_{max} + R_{min}}{2} = \frac{D}{2} \tag{2-6}$$

半径环的极限偏差值

$$T_R = \frac{R_{max} - R_{min}}{2} = \frac{T_D + d}{2} \tag{2-7}$$

结论：包含位置度公差的半径子环 $A \pm B$ 结构表达式为

$$R \pm T_R = \frac{D}{2} \pm \frac{T_D + d}{2} \tag{2-8}$$

梦蝶："其中一个关键点是这个半径子环的中心位置是固定不变的，在 30mm 的理论正确位置。所以，我可以绘制图 2-32 的传递图（图 2-36）。'尺寸链秒杀神器 3.0'输入格式见附录 A-1。"

无影脚：实体尺寸的实际边界到理论中心位置的值的波动。

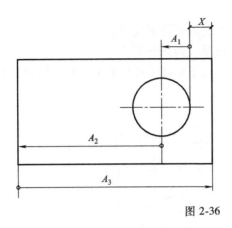

A_1: $R \pm T_R$ 的无影脚 (10 ± 0.35)mm

A_2: 孔的理论正确位置值 30mm

A_3: 板长度的理论值 50mm

图 2-36

2.3.7 同轴度

肖剑平拿出图 2-37 所示的图样，让梦蝶求 X 值。梦蝶画出了传递图（图 2-38），但是链环 A_2 受同轴度和极限偏差影响，如何取值呢？

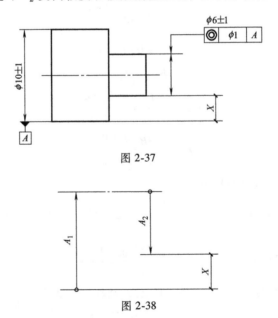

图 2-37

图 2-38

肖剑平："直接把同轴度改为位置度，把环 A_2 当作无影脚，取值与无影脚一样。'尺寸链秒杀神器 3.0'输入格式见附录 A-2。"

梦蝶："那我用前面的公式验算一下哈。"

$$X_{\max} = \left(\frac{10+1}{2} - \frac{6-1}{2} + \frac{1}{2} \right) \text{mm} = 3.5\text{mm}$$

$$X_{min} = \left(\frac{10-1}{2} - \frac{6+1}{2} - \frac{1}{2} \right) mm = 0.5mm$$

注意：在 ASME Y14.5 标准中，曾二次删除同轴度和对称度，原因是同轴度和对称度是理论正确位置为零时位置度的特例（可以查看《几何公差那些事儿》）。因此同轴度和对称度的误差累积过程和位置度一样，同轴度和对称度在尺寸链计算中可以直接用位置度代替。

2.3.8 对称度

图 2-39 所示为一个带槽的板，槽相对于基准 A 的对称度为 2mm。绘制图 2-39 的传递图（图 2-40）。利用已学公式求封闭环 X 的最大值和最小值如下

$$X_{max} = \left(\frac{20+1}{2} - \frac{8-1}{2} + \frac{2}{2} \right) mm = 8mm$$

$$X_{min} = \left(\frac{20-1}{2} - \frac{8+1}{2} - \frac{2}{2} \right) mm = 4mm$$

"尺寸链秒杀神器 3.0" 输入格式见附录 A-3。

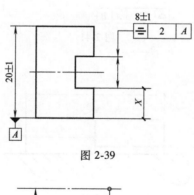

图 2-39

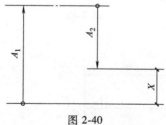

图 2-40

2.3.9 跳动

梦蝶发现附录 A-4 中是跳动的尺寸链计算，也是用无影脚代入"尺寸链秒杀

神器 3.0"。于是凭借工程师的直觉用最大、最小值验算，结果显示和附录 A-4 一致。

在几何公差的课堂上，我们学习过跳动误差是工件表面的位置、方向和形状三类误差的综合作用结果。而且只要方向和形状有误差波动，在检测位置度时就会有数据体现，所以圆柱表面的跳动公差在尺寸链计算时，直接按照位置度的计算方法即可，在"尺寸链秒杀神器 3.0"表格中输入无影脚就可计算。

2.3.10 轮廓度

图 2-41 中有个两完全一样的零件，装配后如图 2-42 所示。"尺寸链秒杀神器 3.0"输入格式见附录 A-5。零件的极限状态如图 2-43 所示，计算如下

$$X_{\max} = (41+41)\,\text{mm} = 82\,\text{mm}$$

$$X_{\min} = (39+39)\,\text{mm} = 78\,\text{mm}$$

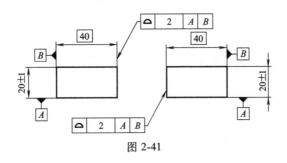

图 2-41

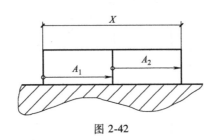

图 2-42

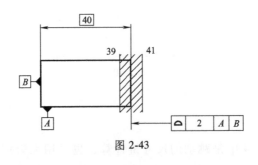

图 2-43

2.4 几何公差修饰符号

2.4.1 不对称轮廓度

如图 2-44 所示是带有①修饰号的传递图，表格输入方式见附录 A-6。

如图 2-45 所示是带有 UZ 修饰号的传递图，表格输入方式见附录 A-7。

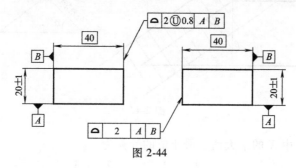

图 2-44

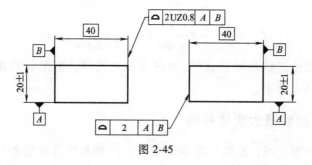

图 2-45

2.4.2 有倾斜面的轮廓度

如图 2-46 所示，轮廓度的理论正确表面与需要求解的 X 方向有夹角 $y = 30°$。求解思路如下，如图 2-47 所示，当倾斜面实际表面到达公差带上限时（即沿公差

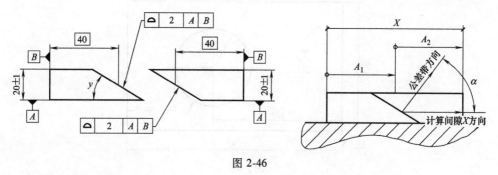

图 2-46

带法向增加 1mm 的材料），在 X 方向上实际增加的值 L 为

$$L = \frac{T}{\cos\alpha} \tag{2-9}$$

式中，T 为倾斜面沿公差带法向增加的材料厚度；α 为公差带法向与 X 方向的夹角。

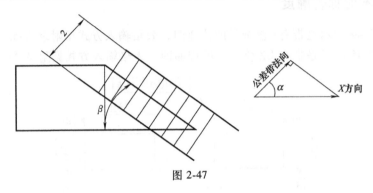

图 2-47

所以图 2-46 中 X 的最大值、最小值的计算为

$$X_{max} = 40 + \frac{2}{2} \times \frac{1}{\cos 60°} + 40 + \frac{2}{2} \times \frac{1}{\cos 60°} = 84$$

$$X_{min} = 40 - \frac{2}{2} \times \frac{1}{\cos 60°} + 40 - \frac{2}{2} \times \frac{1}{\cos 60°} = 76$$

在输入"尺寸链秒杀神器 3.0"时注意一个问题，要把 α 角度值找正确，如图 2-47 和附录 A-8 所示。

2.4.3 位置度的最大实体补偿

肖剑平拿出图 2-48，此图与图 2-32 唯一的区别是位置度公差值后增加了一个标记Ⓜ。代表此孔在偏离最大实体时可以得到更多的位置度公差补偿。因此，Ⓜ和Ⓛ一样将影响孔的内外包络边界的取值。详见表 2-6。

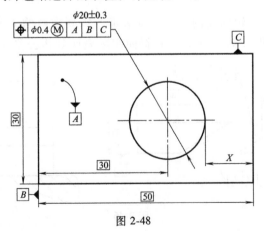

图 2-48

表 2-6

特征	边界	补偿类型	公式
轴	内包络边界	M	IB＝LMS－位置度公差－补偿公差
		L	IB＝LMS－位置度公差
		无	IB＝LMS－位置度公差
	外包络边界	M	OB＝MMS＋位置度公差
		L	OB＝MMS＋位置度公差＋补偿公差
		无	OB＝MMS＋位置度公差
孔	内包络边界	M	IB＝MMS－位置度公差
		L	IB＝MMS－位置度公差－补偿公差
		无	IB＝MMS－位置度公差
	外包络边界	M	OB＝LMS＋位置度公差＋补偿公差
		L	OB＝LMS＋位置度公差
		无	OB＝LMS＋位置度公差

梦蝶开始如下的推理思路。

（一）OB 和 IB

$$OB = D + T_D + d + 2 \times T_D \tag{2-10}$$

$$IB = D - T_D - d \tag{2-11}$$

（二）半径子环的最大值、最小值

$$R_{\min} = \frac{IB}{2} = \frac{D - T_D - d}{2} \tag{2-12}$$

$$R_{\max} = \frac{OB}{2} = \frac{D + 3 \times T_D + d}{2} \tag{2-13}$$

（三）半径子环 $A \pm B$ 结构表达式为

$$R \pm T_R = \frac{D + T_D}{2} \pm \frac{2 \times T_D + d}{2} \tag{2-14}$$

在完成了半径子环尺寸求解后，开始绘制传递图，梦蝶发现图 2-48 和图 2-32 中 X 的传递图长得一模一样，只是半径子环的取值［式（2-8）与式（2-14）］不同。于是开始思索这是为什么。

2.4.4　位置度的最小实体补偿

肖剑平看出了梦蝶的心思，于是开始解释。

肖剑平："是这样的，位置度公差应用到孔结构时，有三种情况：①Ⓜ补偿，如图 2-48 和附录 A-9 所示；②Ⓛ补偿，如图 2-49 和附录 A-10 所示；③无补偿，如图 2-32 和附录 A-1 所示。这三种情况传递图完全一样（图 2-36），都有一个半径子环。而不同的是半径子环的取值计算公式不同，无补偿时用式（2-8），Ⓜ补偿时用式（2-14），Ⓛ补偿时用式（2-15）。"

$$R \pm T_R = \frac{D - T_D}{2} \pm \frac{2 \times T_D + d}{2} \qquad (2\text{-}15)$$

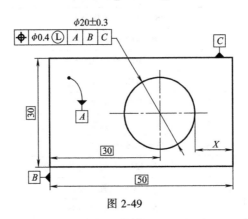

图 2-49

梦蝶："嗯，我已经懂了。就是计算起来工作量比较大哦。"

肖剑平："哈哈，此事不难。你认识子谦老师吗？他用 Excel 表格编写的《尺寸链秒杀神器》，让你轻松搞定计算问题。再告诉你一个秘密，本书的附件 A 记录了各种典型结构下传递图的绘制，以及对应数据输入的模板。

这样尺寸链分析任务就只有两步了：

第一步，画传递图。

第二步，按附录 A 的要求输入数值即可，无需计算。

但有一点请记住，附录 A 仅适用于产品设计尺寸链哦。"

2.4.5 回马枪——实体中心到基准的距离

求图 2-50 中孔中心到 A 面的实际尺寸。梦蝶绘制出如图 2-51 所示的传递图后，开始产生疑惑。A_1 的公称尺寸和极限偏差应该是多少呢？

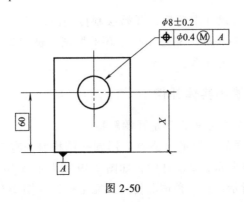

图 2-50

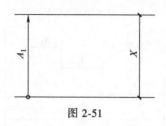

图 2-51

肖剑平："这种结构有两个关键点。首先，我们讨论一下取值问题，此孔的位置度公差加了Ⓜ，即在孔偏移最大实体时会得到位置度补偿，并且公式如下

$$孔实际位置度 = 孔位置公差 + |MMS孔 - 实测直径| \qquad (2\text{-}16)$$

所以补偿后 A_1 值的范围是（60±0.4）mm。可以理解吗？"

梦蝶："嗯，能听懂。这是几何公差的知识，±0.4mm 就是最大实体补偿后孔的实际位置公差值 0.8mm 呀。"

肖剑平："其次，要注意与无影脚的区别。

相同点：它们都是独立的子环，这两个链环的起始端都是孔中心，且环的极限偏差值受孔直径极限偏差、位置度公差和Ⓜ共同作用。

不同点：无影脚链环的另一端是实体边缘，而回马枪的另一端是实体的基准。"

梦蝶："懂了，我也看到了模板，附录 A-11。"

2.4.6　基准补偿

梦蝶又找来一张图样（图 2-52），她想研究 ϕ5mm 孔的边缘到零件右边的距离，于是绘制出了传递图（图 2-53），但是有一个问题出现了，当孔 ϕ5mm 的几何公差框格内基准 C 后面不加Ⓜ和加Ⓜ有什么区别呢？

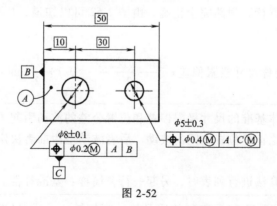

图 2-52

肖剑平："这应该是位置度在尺寸链应用中最难的案例了。首先，研究 A_1 是什么。"

梦蝶："ϕ5mm 孔的理论中心到孔右侧边缘，所以直接列为无影脚，如附录 A-12

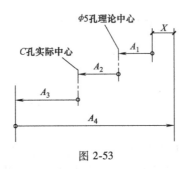

图 2-53

的第一行。可是如何理解子环 A_2 及其取值呢？"

肖剑平："首先，界定子环 A_2 左右两根中心线代表什么，左边为 C 孔实际中心，右边为 $\phi5$ 孔理论中心。其次，关注两个参数的变化关系：第一个参数：C 孔和 $\phi5$ 孔之间有一个理论正确距离 30mm，记作 $L_{理}$。第二个参数：几何公差框格中基准 C 后面加和不加 Ⓜ 意味着有什么不同？"

梦蝶："根据几何公差中基准补偿的定义，基准 C 与对手件（实效边界）之间有间隙，基准 C 可以借用这个间隙来左右移动，从而使零件获得更多的装配空间。可以理解为两孔（C 孔和 $\phi5$ 孔）的理论中心与对手件的理论中心重合，$\phi5$ 孔保持不动的情况下，C 孔可根据间隙的大小向任意方向移动到极限位置，而零件仍然可以安全装配。此时 C 孔的实际中心位置将偏离其理论位置，这样 C 孔实际中心与 $\phi5$ 孔理论中心的实际距离发生变化，记作 $L_{实}=L_{理}\pm\Delta L_C$。

相反，几何公差框格中基准 C 后若不加 Ⓜ，基准 C 与对手件之间的间隙不可以用来移动，也就是 C 孔的实际中心（此时未移动，在理论正确位置）到 $\phi5$ 孔理论中心的距离保持理论值不变 $L_{理}$。所以我们只要研究变量 ΔL_C 即可，对吗？"

肖剑平："非常棒，思路完全正确。由图 2-52 可以知道，C 孔可对称向任意方向移动的值如下。"

$$\Delta L_C=公称尺寸极限偏差+\frac{基准位置公差}{2}=0.1+\frac{0.2}{2}mm=0.2mm \quad (2-17)$$

总结：由实体基准的尺寸极限偏差和位置公差的波动引起了基准形体的实际中心位置与其理论正确位置之间的波动，后者波动值由前者决定，这种现象称之为基准补偿。

在用列表计算法进行列表时，另起一行，简称：基准补偿。

梦蝶："那子环 A_3 就是典型的回马枪，直接输入。而 A_4 为理论正确位置尺寸，直接用理论正确尺寸输入，这样附录 A-12 就填完了。"

肖剑平："当然，还要学习下附录 A-13、附录 A-14 的内容，细细比较一下区别吧。"

2.4.7 同时要求和分开要求 SIM/SEP REQT

如图 2-54 所示，求两孔之间间距 X。梦蝶绘制了传递图（图 2-55）。并用列表 2-7 计算 X 值。

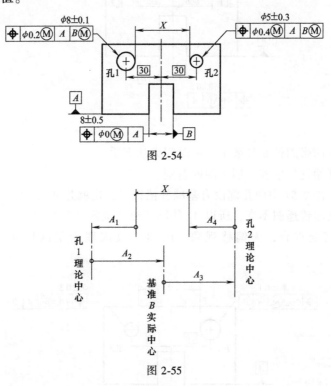

图 2-54

图 2-55

表 2-7

项目	增/减环	特征类型	公称/理论尺寸	极限偏差	几何公差值	补偿符号	轮廓修饰值	角度(°)	减环记入	增环记入	极限偏差	极限偏差贡献	统计极限偏差
A_1	减	孔无影脚	8	0.1	0.2	M			4.05	0	0.200	12%	0.040
A_2	增	理论正确尺寸	30						0	30	0.000	0%	0.000
		基准补偿		0.5	0				0	0	0.500	29%	0.250
A_3	增	理论正确尺寸	30						0	30	0.000	0%	0.000
		基准补偿		0.5	0				0	0	0.500	29%	0.250
A_4	减	孔无影脚	5	0.3	0.4	M			2.65	0	0.500	29%	0.250
A_5									0	0	0.000	0%	0.000
						合计			6.700	60.000	1.700		0.790

尺寸链秒杀神器3.11 ☆ 这里，尺寸链是这么的简单和快乐！

恭喜！设计正常	极限法计算结果		统计极限偏差计算结果	
	闭环尺寸	53.300	闭环尺寸	53.300
	闭环极限偏差	1.700	闭环极限偏差	0.889
	最大闭环	55.000	最大闭环	54.189
	最小闭环	51.600	最小闭环	52.411

肖剑平看完之后，在图 2-54 中增加"SEP REQT"的字样，如图 2-56 所示。然后问梦蝶，图 2-54 和图 2-56 两张图中 X 值有区别吗？

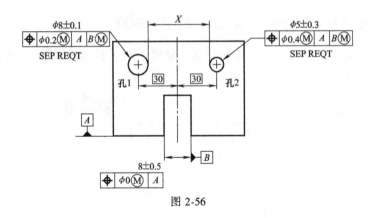

图 2-56

梦蝶被这两张图彻底打败了，一时间无从下手。

肖剑平开始逐步推演它们之间的差别。

第一步，图 2-57 中两孔都没有基准补偿符号，也就是 A_2 这个子环就没有得到基准补偿，当然传递图不变，所以以 A_2 的链环到达位置（基准 B 实际中心）与其自身理论中心完全重合，无偏移现象。因而要改成理论正确尺寸。A_3 同理，见表 2-8。

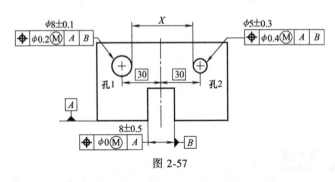

图 2-57

表 2-8

尺寸链秒杀神器3.0		☆ 这里，尺寸链是这么的简单和快乐！									
项目	增/减环	特征类型	公称/理论尺寸	极限偏差	几何公差值	补偿符号	轮廓修饰值	角度(°)	减环记入	增环记入	极限偏差	极限公差贡献	统计极限偏差
A_1	减	孔无影脚	8	0.1	0.2	M			4.05	0	0.200	0%	0.040
A_2	增	理论正确尺寸	30						0	30	0.000	0%	0.000
A_3	增	理论正确尺寸	30						0	30	0.000	0%	0.000
A_4	减	孔无影脚	5	0.3	0.4	M			2.65	0	0.500	0%	0.250
A_5									0	0	0.000	0%	0.000
								合计	6.700	60.000	0.700		0.290

		极限法计算结果		统计极限偏差计算结果	
恭喜！设计正常		闭环尺寸	53.300	闭环尺寸	53.300
		闭环极限偏差	0.700	闭环极限偏差	0.290
		最大闭环	54.000	最大闭环	53.590
		最小闭环	52.600	最小闭环	53.010

第二步，图 2-58 中仅仅孔 1 加了基准补偿符号，传递图依然不变。在 B 基准后面Ⓜ的作用下，当基准 B 偏离最大实体时，工件允许左右移动，从而使孔 1 的理论中心到基准 B 的实际中心面的距离（A_2）增加，也就是所谓的基准补偿。因此另起一行，输入基准补偿，A_3、A_4 不变，见表 2-9。

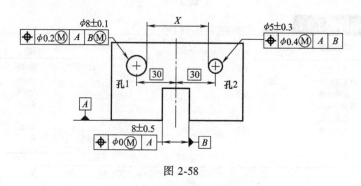

图 2-58

表 2-9

项目	增/减环	特征类型	公称/理论尺寸	极限偏差	几何公差值	补偿符号	轮廓修饰值	角度(°)	减环记入	增环记入	极限偏差	极限公差贡献	统计极限偏差
A_1	减	孔无影脚	8	0.1	0.2	M			4.05	0	0.200	17%	0.040
A_2	增	理论正确尺寸	30						0	30	0.000	0%	0.000
		基准补偿		0.5	0				0	0	0.500	42%	0.250
A_3	增	理论正确尺寸	30						0	30	0.000	0%	0.000
A_4	减	孔无影脚	5	0.3	0.4	M			2.65	0	0.500	42%	0.250
A_5									0	0	0.000	0%	0.000
							合计		6.700	60.000	1.200		0.540

尺寸链秒杀神器3.11　☆ 这里，尺寸链是这么的简单和快乐！

恭喜！设计正常	极限法计算结果		统计极限偏差计算结果	
	闭环尺寸	53.300	闭环尺寸	53.300
	闭环极限偏差	1.200	闭环极限偏差	0.735
	最大闭环	54.500	最大闭环	54.035
	最小闭环	52.100	最小闭环	52.565

第三步，图 2-56。首先，有"SEP REQT"字样，表明两孔之间的相互位置关系不受约束，分别满足各自基准系下的公差带范围即可；其次两个孔的基准 B 都加有Ⓜ，也就是都可得到基准补偿。所以环 A_2 和 A_3 下各另起一行增加基准补偿，传递图不变。列表计算结果见表 2-10。

学完以上内容要补充一个几何公差的知识点，同时要求原则，即同一个零件上两个或两个以上形体被当作单一组成要素来控制，前提条件是几何公差框格的基准系及修饰符号一致。

图 2-54 中孔 1 和孔 2 满足同时要求原则，所以两孔的公差带之间不可产生相互移动和转动。虽然有基准补偿，但由于同时要求原则的约束，两孔必须同时移动（要么同时左移，要么同时右移，而且移动值要一致）。换言之，两孔之间的理论中心距离值保持不变，其值等于 A_2 和 A_3 之间的理论正确距离。所以 A_2 和 A_3 两环

是"理论正确尺寸",见表2-11。

> 注意:ASME和ISO两套标准在同时要求原则上有出入,见表2-12。具体定义见《几何公差那些事儿》,或查找表格中的标准ASME Y14.5和ISO 5458。

表2-10

尺寸链秒杀神器3.11 ☆ 这里,尺寸链是这么的简单和快乐!

项目	增/减环	特征类型	公称/理论尺寸	极限偏差	几何公差值	补偿符号	轮廓修饰值	角度(°)	减环记入	增环记入	极限偏差	极限公差贡献	统计极限偏差
A_1	减	孔无影脚	8	0.1	0.2	M			4.05	0	0.200	12%	0.040
A_2	增	理论正确尺寸	30						0	30	0.000	0%	0.000
		基准补偿		0.5	0						0.500	29%	0.250
A_3	增	理论正确尺寸	30						0	30	0.000	0%	0.000
		基准补偿		0.5							0.500	29%	0.250
A_4	减	孔无影脚	5	0.3	0.4	M			2.65		0.500	29%	0.250
A_5										0	0.000	0%	0.000
								合计	6.700	60.000	1.700		0.790

极限法计算结果		统计极限偏差计算结果	
闭环尺寸	53.300	闭环尺寸	53.300
闭环极限偏差	1.700	闭环极限偏差	0.889
最大闭环	55.000	最大闭环	54.189
最小闭环	51.600	最小闭环	52.411

恭喜!设计正常

表2-11

尺寸链秒杀神器3.0 ☆ 这里,尺寸链是这么的简单和快乐!

项目	增/减环	特征类型	公称/理论尺寸	极限偏差	几何公差值	补偿符号	轮廓修饰值	角度(°)	减环记入	增环记入	极限偏差	极限公差贡献	统计极限偏差
A_1	减	孔无影脚	8	0.1	0.2	M			4.05	0	0.200	0%	0.040
A_2	增	理论正确尺寸	30						0	30	0.000	0%	0.000
A_3	增	理论正确尺寸	30						0	30	0.000	0%	0.000
A_4	减	孔无影脚	5	0.3	0.4	M			2.65	0	0.500	0%	0.250
A_5										0	0.000	0%	0.000
								合计	6.700	60.000	0.700		0.290

极限法计算结果		统计极限偏差计算结果	
闭环尺寸	53.300	闭环尺寸	53.300
闭环极限偏差	0.700	闭环极限偏差	0.290
最大闭环	54.000	最大闭环	53.590
最小闭环	52.600	最小闭环	53.010

恭喜!设计正常

表2-12

	ASME Y14.5	ISO 5458
同时要求原则	满足前提条件	1. 满足前提条件 2. 标记"SIMi".
分开要求原则	标记"SEP REQT"	默认

2.5 线性工艺尺寸链

2.5.1 挂面图——直线分布工艺

今天是本季度的内部学习日,培训部门邀请了资深工艺专家陆静给大家分享工艺尺寸链的相关知识。

陆静："同志们，大家好！绘制工艺尺寸链图一直比较难，上个月天阳和梦蝶在讨论一个仅有两道工序的零件黑皮问题时，要绘制两张传递图和计算两次封闭环，才可以找到答案。那试想一下，我们的发动机曲轴要经过八道工序，如果其中一个余量环与上面八道工序都有关系，那是否要绘制八个传递图呢？"

话音刚落，陆静就在黑板上用1.3.3节讨论的黑皮问题做案例，绘制了传说已久的挂面图（图2-59）。

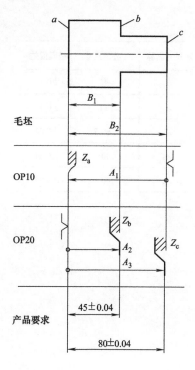

尺寸名称	公称尺寸	极限偏差
B_1	46	±0.4
B_2	81	±0.4
A_1	80.5	±0.04
A_2	45	±0.04
A_3	80	±0.04

图 2-59

挂面图要求：

① 最上面一栏为零件简图，从左向右在需加工的表面标注 a、b、c…

② 接下来一栏是毛坯尺寸栏，标注测量尺寸的编号 B_i。

③ 接下来一栏是各工序尺寸栏，标注基准符号，工序尺寸编号 A_i。

④ 最下面一栏为零件的设计尺寸栏。

⑤ 在各栏右侧对应给出所有尺寸参数。

⑥ 余量环左右两根线分别代表加工前、后工件的表面，连接上一序的线代表加工前表面；反之代表加工后表面，注意两根线左右方向与切削方向一致。

2.5.2　追踪法——巧妙厘清传递图

当大家完全理解挂面图后，陆静开始讲述用追踪法来查找尺寸链，操作流程如下：

1）确定封闭环。在挂面图中有两种封闭环，一种是产品设计尺寸（不在同一工序形成的）；另一种是加工余量。而现在要调查黑皮，自然是由于切削余量不足引起的，所以本次用余量环 Z_b 作为封闭环。

2）找子环。在封闭环两端分别出发，沿零件表面引线向上追踪，当遇到圆点代表的定位基准时继续向上追踪；如果遇到了箭头代表的测量表面或已加工表面就沿箭头来的方向转弯，如图 2-60 所示的虚线。直到两根虚线在毛坯栏 B 面汇合。找到的子环有 B_1、B_2、A_1、A_2 四个。

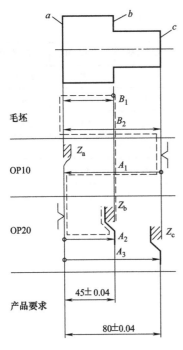

尺寸名称	公称尺寸	极限偏差
B_1	46	±0.4
B_2	81	±0.4
A_1	80.5	±0.04
A_2	40	±0.04
A_3	80	±0.04

图 2-60

3）绘制传递图（图 2-61）。

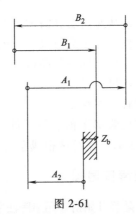

图 2-61

2.5.3　珠帘图——径向加工工艺

图 2-62 为一圆柱零件。外圆加工完后加工表面要求渗碳淬火，渗碳层 0.5~0.8mm。

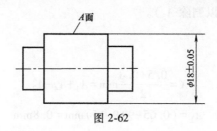

图 2-62

工艺流程如下：

① OP10 精车外圆 A 表面，$D_1 = \phi\,(18.3 \pm 0.05)\,\mathrm{mm}$。

② OP20 渗碳层深度 $A_1 \pm T_1$。

③ OP30 淬火。

④ OP40 精磨外圆 A 表面，$D_2 = \phi(18 \pm 0.05)\,\mathrm{mm}$。

附加条件：1) 忽略精车与精磨定位误差的影响。

2) 由于零件尺寸很小，忽略热处理的膨胀现象。

绘制珠帘图（图 2-63），要求如下：

① 根据工艺顺序绘制截面图，从上向下分布，中心在同一直线上。

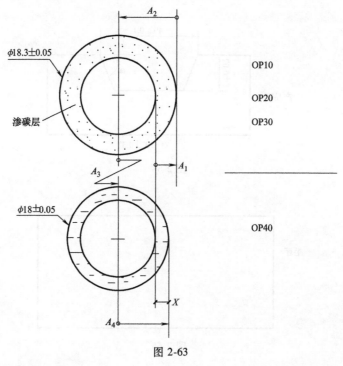

图 2-63

② 直径不变的工序截面可合并到上一工序，并在截图右侧标注工序号。

③ 截面图左侧标注加工尺寸要求。

④ 绘制传递图，A_1、A_2、A_3、A_4（A_3 代表精车与精磨两道工序的定位误差，由附加条件 1 得知，可以删除 A_3）。

计算流程如下：

① 公称尺寸 A_1

$$X = \frac{0.5+0.8}{2}\text{mm} = A_1 + A_4 - A_2$$

故 $A_1 = (0.65 - 9 + 9.15)\,\text{mm} = 0.8\,\text{mm}$

② A_1 的极限偏差 T_1

$$T_1 = T - T_4 - T_2 = \left(\frac{0.8-0.5}{2} - \frac{0.05}{2} - \frac{0.025}{2} \right)\text{mm} = 0.1125\,\text{mm}$$

2.6 几何矢量尺寸链

2.6.1 设计成形刀具——几何矢量关系的加工面

产品图如图 2-64 所示，毛坯图如图 2-65 所示，工艺过程如下：

① OP10 成形铣刀铣两斜面与底面，控制尺寸 A_2（图 2-66）。

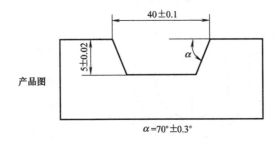

$\alpha = 70° \pm 0.3°$

图 2-64

图 2-65

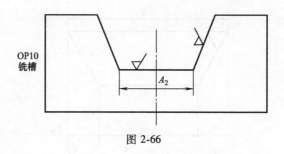

图 2-66

② OP20 铣上端面，控制尺寸 H（5 ± 0.02）mm（图 2-67）。

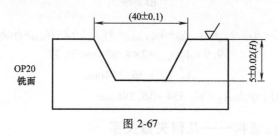

图 2-67

问题：为确保产品设计尺寸（40 ± 0.1）mm，成形铣刀尺寸 A_2 是多少？

极限状态：图 2-68。

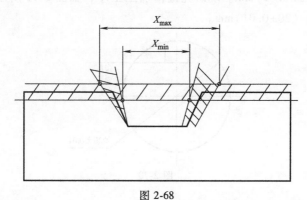

图 2-68

封闭环：完工尺寸（40 ± 0.1）mm。

组成环：如图 2-69 所示的 A_1，A_2，A_3，影响封闭环参数：H、α、A_2。

传递图：如图 2-69 所示，把封闭环长度方向作为投影轴，并把 A_1、A_3 的投影 A_{1x}，A_{3x} 标出。

计算流程如下

$$X_{\max}=A_{1x\cdot\max}+A_{2\cdot\max}+A_{3x\cdot\max}=A_{2\cdot\max}+2\times H_{\max}\times\cot(\alpha_{\min})$$

$$40.1=A_{2\cdot\max}+2\times5.02\times\cot69.7°$$

$$A_{2\cdot\max}=36.386\text{mm}$$

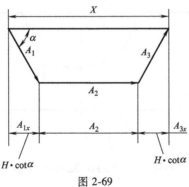

图 2-69

$$X_{\min}=A_{1x\cdot\min}+A_{2\cdot\min}+A_{3x\cdot\min}=A_{2\cdot\min}+2\times H_{\min}\times\cot\alpha_{\max}$$

$$39.9=A_{2\cdot\min}+2\times4.98\times\cot70.3°$$

$$A_{2\cdot\max}=36.334\text{mm}$$

答案：铣刀的尺寸为 $A_2=36.334\sim36.386\text{mm}$

2.6.2 实体定位结构——几何矢量关系

产品图（图 2-70）为带键槽的轴，轴的直径为 $\phi(20\pm0.01)\text{mm}$，键槽底部到轴中心的值为 $(5\pm0.02)\text{mm}$。现研究键槽加工工序，如图 2-71 所示，此时外圆已加工到指定尺寸 $(20\pm0.01)\text{mm}$。

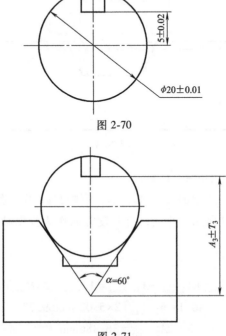

图 2-70

图 2-71

问图中尺寸 $A_3 \pm T_3$ 应控制在什么范围?

极限状态:如图 2-72 所示,轴直径的波动将引起其中心上下移动。

封闭环:X 键槽底部到轴中心距离。

组成环:A_1,A_2,A_3,如图 2-73 所示。

传递图:如图 2-73a 所示,将 A_1,A_2 投影到 X 长度方向上(图 2-73b)。

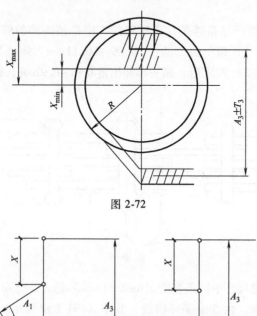

图 2-72

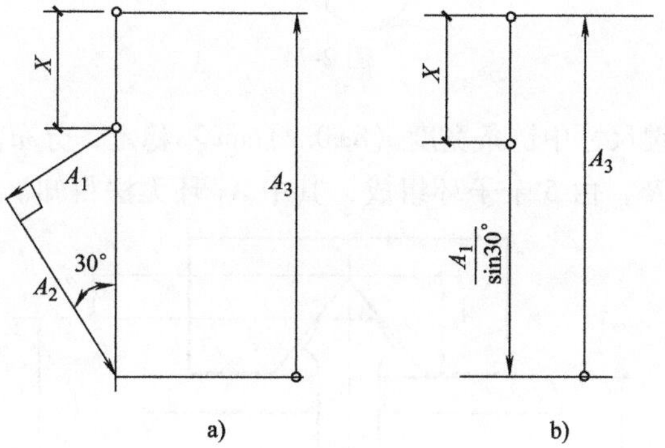

图 2-73

计算流程

$$X_{\max} = A_{3 \cdot \max} - \frac{A_{1x \cdot \min}}{\sin 30°}$$

$$A_{3 \cdot \max} = X_{\max} + \frac{A_{1x \cdot \min}}{\sin 30°} = \left(5.02 + \frac{9.995}{0.5}\right) \text{mm} = 25.01 \text{mm}$$

$$X_{\min} = A_{3 \cdot \min} - \frac{A_{1x \cdot \max}}{\sin 30°}$$

$$A_{3 \cdot \min} = X_{\min} + \frac{A_{1x \cdot \max}}{\sin 30°} = \left(4.98 + \frac{10.005}{0.5}\right) \text{mm} = 24.99 \text{mm}$$

2.7 黑匣子尺寸链

在尺寸链计算中，每一个尺寸链环都有准确的公称尺寸和极限偏差，但有些特殊情况下某些尺寸和极限偏差很难确定。于是我们就引入了黑匣子的概念，例如铆压的工艺过程。

如图 2-74 所示的产品是链条，现研究的工序是销头部的铆压。

现场尺寸数据：1）铆压前，销长 10.09~10.11mm，即 （10.1±0.01）mm。

2）铆压后，销头部伸出量 0.91~0.92mm，即 （0.94±0.03）mm。

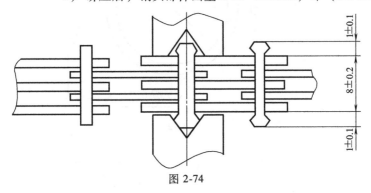

图 2-74

现场问题：关键尺寸中链条宽度 （8±0.2）mm 不稳定，分布范围 8.15~8.29mm。绘制传递图 2-75，由 5 个子环组成，其中 A_2 环无法得知。

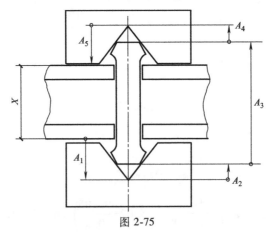

图 2-75

如图 2-76 所示，左图和右图是铆压的开始和结束状态。

钢模向下移动时，首先使销产生弹性变形，然后是塑性变形；同时销在这个过程中产生抵抗力并逐渐增大，直到下压力与抵抗力平衡，钢模停止，如右图所示位置，而此时销也得到了人们想要的形状。

注意：右图中尺寸 A_2 是一个变量，它受销的直径、硬度、材质、钢模压力、钢模 V 形角度共同作用，在工程上很难计算出其具体数值。因此，图 2-75 中 A_2 和 A_4 都无法算出导致 X 也无法计算。

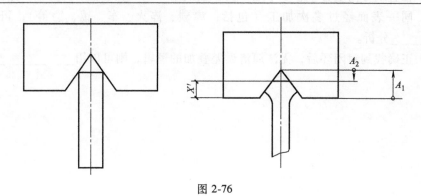

图 2-76

建立黑匣子：

把图 2-76 中 X' 当作应变量，把销的直径 ϕ，材质 β，硬度 γ，钢模压力 f，钢模 V 形角度 α 作为自变量，建立函数

$$X' = F(\phi, \alpha, \beta, \gamma, f)$$

当定义了所有自变量的范围后，铆压工艺就理解成了一个受控的工艺过程。从而输出稳定的公称尺寸和极限偏差，记作 $X' \pm T'$（当然，在有需要的情况下，要先用六西格玛的方法找到合适的自变量范围）。在本案例中已知 $X' \pm T' = (0.94 \pm 0.03)\,\mathrm{mm}$。所以我们把销伸出量的实测值当作黑匣子，简化传递图，如图 2-77 所示。

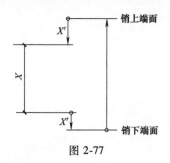

图 2-77

练　习　题

1. 尺寸链中，当某个组成环减小时，封闭环_____，则此环为增环。

2. 尺寸链中，当某个组成环减小时，封闭环_____，则此环为减环。

3. 无间道在第一基准平面往往是_____误差导致的。

无间道在第二基准平面往往是_____误差导致的。

4. 孔轴装配时，孔轴中心的偏移量被称之为装配偏移；最大偏移量表达式：$AS=(D-d)/2$ 。其中 D 代表_____，d 代表_____。

5. 在直线方向上分布有多个加工面，应该用_____和_____分析。

6. 同一表面经过多次加工（包括：渗碳、淬火、车、镗、磨等），可以用_____分析。

7. 正确找到封闭环后，无法厘清误差叠加的逻辑，则可以用_____。

第3章

精打妙算——巧用计算法

3.1 线性尺寸链计算

3.1.1 计算数值的性质

在1.3.1节，讨论过封闭环的数据有两种性质：位置尺寸（单位：mm）、角度尺寸（单位:°）。

3.1.2 误差叠加的数学方法

（1）极值法 按各子环的极限偏差（两个最不利情况）来计算封闭环极限偏差的方法。具体计算公式和解释见第1.2.4节中的式（1-1）和式（1-2）。

适用场合：

① 环数较少的尺寸链。

② 工艺尺寸链（大多数情况下适用）。

优点：简便、可靠。

缺点：对组成环的极限偏差要求过于严格。

（2）概率法 用概率统计原理，在封闭环和组成环的极限偏差之间建立关系方程式，用方程式来计算封闭环极限偏差值。具体内容见3.5节。

适用场合：环数较多的尺寸链，所有子环的加工工序严格执行过程统计控制。

3.1.3 从求解环区分

1）正计算。已知所有子环的公称尺寸和极限偏差，求解封闭环的公称尺寸和极限偏差，计算结果唯一。

应用场合：①验算产品设计的正确性。

②验算工艺过程是否可保证完工尺寸要求。

③求解余量环最小值。

案例：第 1.1.1 节、第 1.2.1 节、第 2.1.1 节。

2）中间环。已知封闭环和部分子环的公称尺寸和极限偏差，求其余子环的公称尺寸和极限偏差。

  应用场合：①确定某子环的零件尺寸和极限偏差。

      ②确定某子环的工序尺寸和极限偏差。

      ③确定某刀具尺寸和极限偏差。

案例：第 1.3.2 节。

3）反计算。已知封闭环的公称尺寸和极限偏差及各子环的公称尺寸，求各子环的极限偏差。或者说将封闭环极限偏差合理地分配给各子环，有三种常见方法。

① 等极限偏差分配法（n 个子环）

极值法
$$T_i = \frac{T_{\text{总}}}{n_{\text{总}}} \tag{3-1}$$

概率法
$$T_i = \frac{T_{\text{总}}}{\sqrt{n}} \tag{3-2}$$

② 等精度分配法。这种方法的优点是在工艺上每个工序的加工精度要求都是一致的。缺点是计算比较麻烦，有时要借用 Excel 表格来完成。关键要满足如下公式

极限法
$$T_{\text{总}} \geqslant \sum_{i=1}^{n} T_i \tag{3-3}$$

概率法
$$T_{\text{总}}^2 \geqslant \sum_{i=1}^{n} T_i^2 \tag{3-4}$$

③ 组合法。在某些情况下，有些子环的极限偏差是不宜改变的（比如强势供应商或加工困难等），这时先把这些环的极限偏差确定下来，把剩下的极限偏差分配给其他子环。例如，在等极限偏差分配法下用概率法的公式如下

$$T_{\text{总}}^2 \geqslant \sum_{i=1}^{n} T_i^2 + \sum_{j=1}^{m} T_j^2 \tag{3-5}$$

式中，T_i 为先确定子环的极限偏差；T_j 为等极限偏差分配子环的极限偏差。

3.1.4　求解方法和公式

1）最大值、最小值法。这种方法的思路很简单，只是应用时工作量较大。具体思路如下：

① 完成传递图后，识别出增减环。

② 计算封闭环最大值，即所有增环的最大值之和减去所有减环的最小值之和，

见第 1 章式（1-1）。

③ 计算封闭环最小值，即所有增环的最小值之和减去所有减环的最大值之和，见第 1 章式（1-2）。

2）列表法。在第 1.2.5 节另有详细介绍。

3.1.5 方向公差叠加简化计算

如图 3-1 所示的装配图由零件图（图 3-2、图 3-3）装配而成。已知图 3-2 和图 3-3 中的方向误差分别为 0.3mm 和 0.2mm。求装配图竖直表面相对于基准 A 的垂直度是多少？

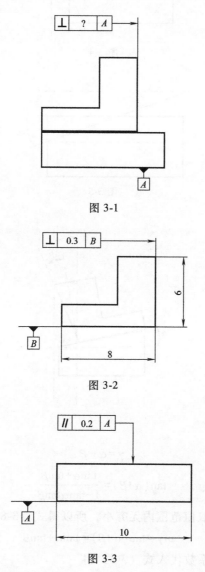

图 3-1

图 3-2

图 3-3

图 3-4 中的两根虚线为公差带宽度，当竖直表面顺时针倾斜到极限位置时，记录转角为 β。同理得到图 3-5 中 α 转角。将此两个零件装配后如图 3-6 所示，得到装配状态下的极限转角 γ。

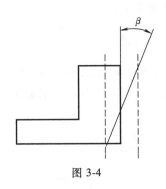

图 3-4

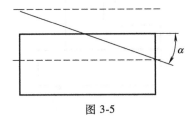

图 3-5

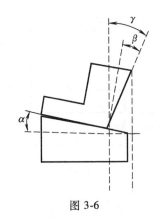

图 3-6

得 $$\gamma = \alpha + \beta \qquad (3\text{-}6)$$

由三角函数公式得 $$\tan(\alpha+\beta) = \frac{\tan\alpha + \tan\beta}{1 - \tan\alpha\tan\beta} \qquad (3\text{-}7)$$

因为 $\tan\alpha \cdot \tan\beta$ 在取值范围内无穷小，所以得式（3-8）

$$\tan\gamma = \tan(\alpha+\beta) = \tan\alpha + \tan\beta \qquad (3\text{-}8)$$

在图样中找到相关系数代入式（3-8）得

$$\frac{X}{6} = \left(\frac{0.2}{8} + \frac{0.3}{6}\right) \text{mm}$$

$$X = 0.45 \text{mm}$$

所以，装配图竖直表面相对于基准 A 的垂直度是 0.45mm。（注意：$\tan\alpha$ 的有效作用长度取作用表面长度 8mm）

3.2　巧用 Excel——总分表关联取值列表

梦蝶和天阳完全掌握了挂面图和追踪法，他们在用这一套方法开发一个零件轴承座（图3-7）时，遇到了一个问题。

由于是项目初期，所以产品尺寸会有变动，从而引起工艺参数变化，关键是有些工艺尺寸会关联到好几个尺寸链，可谓之变动一个参数引起一连串计算。这样一来的结果是天阳同学会经常重新计算零件在各工序的余量环、完工尺寸等。于是他们找到陆静主任。

天阳："静姐，如图 3-7 所示的零件图，其工艺过程图 3-8（OP10）、图 3-9（OP20）、图 3-10（OP30）。关于上面描述的问题您有好办法吗？"

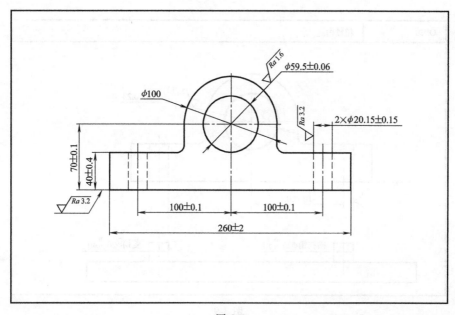

图 3-7

陆静："此事不难，先问两个问题。第一个问题是要具备基础知识，如挂面图、追踪法、列表法，以及在 Excel 表格中编制计算公式，这些都会了吗？"

两人齐声回答："没问题，都会。"

陆静："好的，第二个问题是关于尺寸链应用的思路。我们把尺寸链应用分为

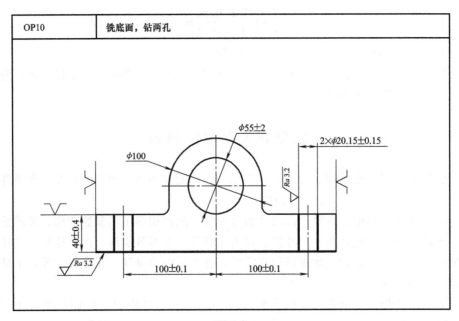

图 3-8

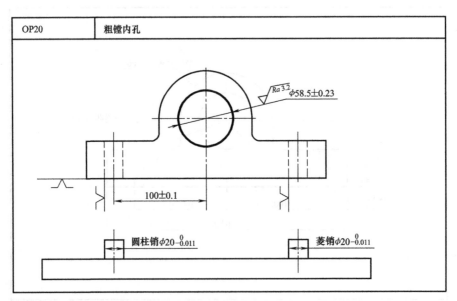

图 3-9

两个部分，运算逻辑和运算数据。那么，哪些是运算逻辑？"

天阳："传递图用来厘清数据间逻辑关系，然后用 Excel 表格的函数功能从指定意义的单元格取值，在完成计算后自动填入目标单元格，这样就完全控制了运算的逻辑。"

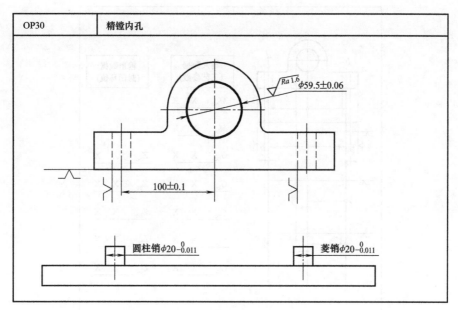

图 3-10

陆静："那运算数据呢？"

梦蝶："那可多了，工艺尺寸、定位误差、测量尺寸、余量尺寸等。"

陆静："不对，只有两种，从运算过程出发。"

天阳："啊，明白。输入和输出。"

陆静："详细点。"

天阳："输入有工序尺寸，定位尺寸，换言之为工艺参数。输出有余量尺寸、测量尺寸，也就是我们关心的封闭环。"

陆静："大家还记得图2-59吗？从左向右分为两列，第一列是挂面图，第二列是不是你们刚提到的工艺参数。"

梦蝶："对呀，然后呢？"

陆静："如果再加一列内容，你们想加什么呢？"

天阳："当然是要计算的尺寸：余量尺寸、测量尺寸。这样一目了然，有图有数据（图3-11）。"

梦蝶："啊，这样好是很好，但是我计算完了所有数值，再画一张这样的图，然后填入数据也要花很多时间哦。"

天阳："哈哈，你是画这样一张图，我不是哦，我是编这样一张 Excel 表格哦。"

陆静给出一张思路图（图3-12）。图左侧为计算总表，包含：挂面图、输入数据（工艺参数）、输出数据（封闭环值）。图右侧为计算分表，记录每个封闭环，也就是余量环、测量尺寸等的求解列表。

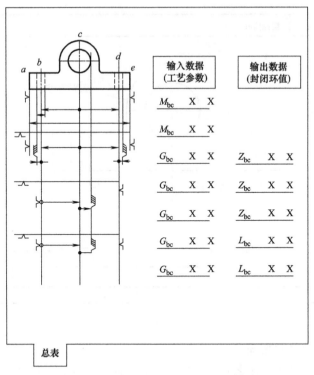

图 3-11

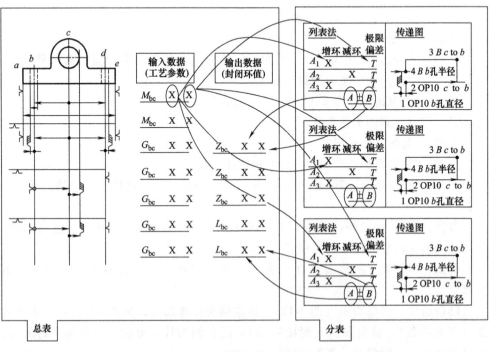

图 3-12

总表和分表在同一个 Excel 文件的不同页面。分表用函数的取值功能从总表输入数据的单元格取值并记录计算结果，总表从分表取计算结果并填入输出数据的单元格。具体表格见附录 B。

3.3　热处理膨胀的影响

某轴类零件在 OP30 工序中 B 面出现大量黑皮，如图 3-13 所示。根据工艺参数切削余量设置为 0.3mm。同时现场调查信息如下：轴的总长在热处理前为 $(100±0.1)$ mm，热处理后为 $(100.12±0.14)$ mm。

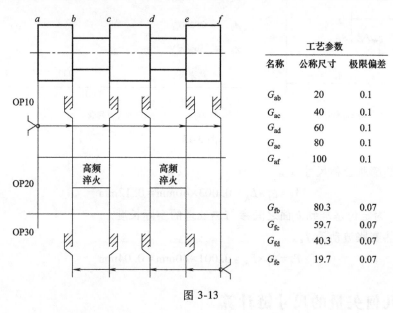

工艺参数		
名称	公称尺寸	极限偏差
G_{ab}	20	0.1
G_{ac}	40	0.1
G_{ad}	60	0.1
G_{ae}	80	0.1
G_{af}	100	0.1
G_{fb}	80.3	0.07
G_{fc}	59.7	0.07
G_{fd}	40.3	0.07
G_{fe}	19.7	0.07

图 3-13

分析：热处理过程导致零件膨胀，因此需要在尺寸链计算中体现。

工作思路如下：

第一步，在忽略热膨胀的前提下建立传递图和计算列表，如图 3-14a、b 所示。

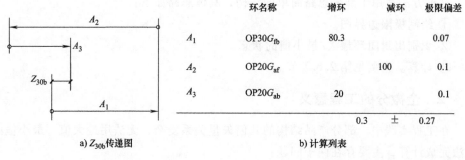

环名称		增环	减环	极限偏差
A_1	OP30 G_{fb}	80.3		0.07
A_2	OP20 G_{af}		100	0.1
A_3	OP20 G_{ab}	20		0.1
		0.3	$\pm$	0.27

a) Z_{30b} 传递图　　　　　　　b) 计算列表

图 3-14

第二步，分析热膨胀的规律。高频淬火的实际长度为 40mm，热处理前后轴长度和极限偏差变化量 $(100.12-100)\text{mm}\pm(0.14-0.1)\text{mm}=(0.12\pm0.04)\text{mm}$。

单位长度膨胀量：$\xi=\dfrac{\Delta L}{L}=\dfrac{0.12}{40}\text{mm}=0.003\text{mm}$。

单位长度膨胀误差：$\xi_T=\dfrac{\Delta T}{L}=\dfrac{0.04}{40}\text{mm}=0.001\text{mm}$。

第三步，修改传递图和计算列表，如图 3-15a、b 所示。

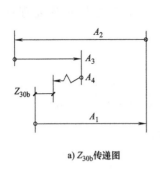

环名称		增环	减环	极限偏差
A_1	OP30G_{fb}	80.3		0.07
A_2	OP20G_{af}		100	0.1
A_3	OP20G_{ab}	20		0.1
A_4	热膨胀		0.12	0.04
		0.18	$\pm$	0.31

a) Z_{30b}传递图　　　　　　　　　　b) 计算列表

图 3-15

1）热膨胀公称尺寸 A_4。

$$A_4=\xi_L\times L_R=0.003\times40\text{mm}=0.12\text{mm}$$

式中，L_R 为定位基准到 b 面之间参与热处理的实际长度。

2）热膨胀波动量 T_4。

$$T_4=\xi_T\times L_R=0.001\times40\text{mm}=0.04\text{mm}$$

3.4　几何矢量的尺寸链计算

3.4.1　最大值、最小值法

这种方法适用于部分思路简单的结构，具体思路如下：

① 绘制极限边界图。

② 识别出封闭环最大/最小值的状态。

③ 计算。案例见第 2.6.1 节。

3.4.2　全微分的工程意义

在工程实践中，部分产品结构的几何矢量关系复杂，无法用最大值、最小值的方法完成计算，主要存在两个问题：

第一，很难判断最大、最小值，从而无法计算封闭环的极限偏差。

第二，一个子环受多个变量影响，其增减性判断困难。

为了解决上面的问题，我们可以用全微分法来简化计算，并和 Excel 配合使用。

全微分法的核心思想是：

在直线尺寸链中，封闭环可以理解为应变量，子环理解为自变量，于是建立方程式：$X = h(A_1, A_2, \cdots A_n)$，所有子环与封闭环呈线性关系。

而在几何矢量尺寸链中，子环与封闭环间未必是线性关系，而且子环本身也可能由其他因变量决定，例如：$A_1 = g(\alpha, H)$。由复合函数的概念可以得到没有中间变量的函数：$X = F(\alpha, H, \cdots A_n)$。

因此全微分法可以解决上面的问题。

第一，求全微分来计算封闭环极限偏差。

第二，求所有自变量的偏导来判断自变量的增减性。

3.4.3 巧妙理解全微分求解尺寸链

1）一元函数微分的意义。找到子环的极限偏差（自变量）变动量对封闭环（应变量）变动量的影响关系。

如图 3-16 所示，函数式 $y = x^2 + 1$，任意点 M 作一条切线 MT 与 X 轴形成 α 角，则线 MT 的斜率 $k = \tan\alpha = y' = f'(x) = 2x$。当 M 点固定取值 (x_0, y_0) 时，MT 的斜率为 $k = f'(x_0) = 2x_0$。

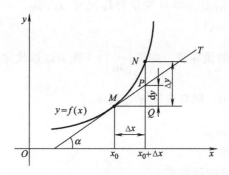

图 3-16

当自变量 x 从 x_0 处增加 Δx 时，应变量也会增加 Δy，坐标值记作 $(x_0 + \Delta x, y_0 + \Delta y)$，也就是曲线上的 N 点。由图可知

$$\Delta y = f(x_0 + \Delta x) - f(x_0) = dy + [\Delta y - dy]$$

$$dy = k\Delta x$$

当 Δx 很小时，$|\Delta y - dy|$ 更小，所以在数学上通用 $dy \approx \Delta y$。因而得公式

$$dy = \Delta y = k \cdot \Delta x = f'(x_0) \cdot \Delta x = f'(x_0) \cdot dx \qquad (3-9)$$

上面公式可以理解为当自变量有一个微小的增量时，应变量也会产生相应的变化。现在，我们假设 $y = f(x)$ 是某尺寸链的函数关系（只有一个子环）。x 为子环，y 为封闭环。所以得出如下结论：

① 当子环值确定为 x_0 时，封闭环的值也确定为 y_0。则 x_0 为子环的公称尺寸时，y_0 为封闭环的公称尺寸。

② 当子环的极限偏差确定为 Δx 时，封闭环的极限偏差为 $f'(x_0) \cdot dx$。

2）全微分的意义。找到多个子环极限偏差对封闭环极限偏差的影响关系。

求全微分时，依次对所有自变量求偏导（偏导时只对一个自变量求导，其他自变量按常数处理），并把这些偏导数求和。例如函数

$$X = f(\alpha, \beta, A) \qquad (3-10)$$

$$\Delta X = \frac{\partial f}{\partial \alpha} \cdot \Delta \alpha + \frac{\partial f}{\partial \beta} \cdot \Delta \beta + \frac{\partial f}{\partial A} \cdot \Delta A \qquad (3-11)$$

① 求封闭环的公称尺寸。将自变量的公称尺寸 α_0，β_0，A_0 直接代入式（3-10）。

$$X = f(\alpha_0, \beta_0, A_0) \qquad (3-12)$$

② 求封闭环极限偏差。将自变量公称尺寸 α_0、β_0、A_0 和子环极限偏差 Δx、$\Delta \beta$、ΔA 一起代入式（3-11）。

③ $\frac{\partial f}{\partial \alpha}$ 为自变量 α 的偏导数，如果 $\left| \frac{\partial f}{\partial \alpha} \right| = 1$ 则为线性尺寸链，如果 $\frac{\partial f}{\partial \alpha} > 0$ 则自变量 α 为增环；如果 $\frac{\partial f}{\partial \alpha} < 0$，则自变量 α 为减环。

3）用全微分法的流程。

① 建立矢量传递图。

② 写封闭环与子环的函数式。

③ 用式（3-10）求公称尺寸（正计算，中间计算均可）。

④ 所有自变量求偏导，并判断其增减性。

⑤ 求全微分表达式，代入公称尺寸和极限偏差数值计算未知环极限偏差。

> 注意：1. 只有连续可导函数，方可求导，在实际机械工程中绝大多数几何结构满足此要求。
> 2. 常用计算导数和微分的公式见附录 D。
> 3. 偏导和全微分的数学推导过程请参考高等数学。

3.4.4　全微分法分析案例

如图 3-17 所示的产品图，为四序工艺。OP10 铣顶面（图 3-18），OP20 铣斜面（图 3-19），OP30 淬火，OP40 磨顶面（图 3-20）。

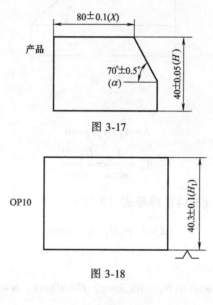

图 3-17

图 3-18

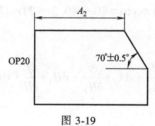

图 3-19

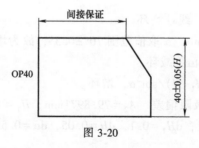

图 3-20

过程分析：产品尺寸（80±0.1）mm 为间接保证尺寸，问 OP20 的尺寸 A_2 应控制在多少？

以下流程按 3.4.3 中第 3）点逐步进行。

（1）建立矢量传递图 3-21

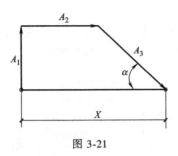

图 3-21

（2）函数公式

$$X = A_2 + A_3 \times \cos\alpha \qquad (3-13)$$

$$A_3 = \frac{A_1}{\sin\alpha} = \frac{H_1 - H}{\sin\alpha} \qquad (3-14)$$

由式（3-13）和式（3-14）推导式（3-15）

$$X = A_2 + (H_1 - H) \times \cot\alpha \qquad (3-15)$$

（3）求 A_2 公称尺寸

$$X = 80\text{mm}, H_1 = 40.3\text{mm}, H = 40\text{mm}, \alpha = 70°$$

$$A_2 = X - (H_1 - H) \times \cot\alpha = 80 - (40.3 - 40)\cot 70° = 79.891\text{mm}$$

（4）偏导并判断增减性

$$dX = T = \frac{\partial f}{\partial A_2} \cdot dA_2 + \frac{\partial f}{\partial H_1} \cdot dH_1 + \frac{\partial f}{\partial H} \cdot dH + \frac{\partial f}{\partial \alpha} \cdot d\alpha$$

$$dX = T = 1 \cdot dA_2 + (\cot\alpha) \cdot dH_1 + (-\cot\alpha) \cdot dH + \frac{H_1 - H}{\sin^2\alpha} \cdot d\alpha$$

① A_2 的偏导数为 1，线性增环。

② H_1 的偏导数为 $\cot\alpha$，α 取值范围 70°±0.5°，故为增环。

③ H 的偏导数为 $-\cot\alpha$，减环。

④ α 的偏导数为 $(H_1 - H)/\sin^2\alpha$，增环。

（5）全微分求未知极限偏差　$A_2 = 79.8971\text{mm}$，$H_1 = 40.3\text{mm}$，$H = 40\text{mm}$，$\alpha = 70°$，$X = 80\text{mm}$，$dX = 0.1$，$dH_1 = 0.1$，$dH = 0.05$，$d\alpha = 0.5°$

$$0.1 = 1 \cdot dA_2 + \cot(70°) \cdot 0.1 - \cot(70°) \cdot 0.05 + \frac{40.3 - 40}{\sin^2\alpha} \cdot \left(0.5 \times \frac{\pi}{180}\right)$$

$$dA_2 = T_2 = 0.0436\text{mm}$$

注意：①所有度数计算时转换为弧度；②Excel 列表计算见附录 C。

3.5 概率法

3.5.1 已知子环求封闭环

图 3-22 中有 4 个一样的零件，宽（$10±0.2$）mm，装配后总长与极限偏差为 $X±T$，已知零件生产过程满足 CPK = 1.0（CPK 为设备能力指数）。

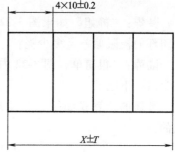

图 3-22

陆静："用极值法计算，$X±T=（40±0.8）$mm。但实际上 4 个零件同时出现上极限偏差或下极限偏差的可能性很小，也就是装配后的尺寸 $X±T$ 的值会聚中分布，封闭环的极限偏差会远小于 0.8mm。"

梦蝶："这个很好理解，对实际工程计算有很大意义，但是有怎样的规律或公式可以被我们使用呢？比如说计算封闭环的实际宽度。"

陆静："我们要换一个思路，因为封闭环的极限偏差值是间接算出来的。我们先了解这样一个规律，当子环都是正态分布时，也就是每个子环对应一个离散程度，记为 σ_i，那封闭环也成正态分布，也对应一个离散程度，记为 σ_ε，它们之间的函数式如下：

线性尺寸链
$$\sigma_\varepsilon^2 = \sum_i^n \sigma_i^2 = \sigma_1^2 + \cdots + \sigma_n^2 \tag{3-16}$$

几何矢量尺寸链
$$\sigma_\varepsilon^2 = \sum_i^n (\xi_i \cdot \sigma_i)^2 = (\xi_1 \cdot \sigma_1)^2 + \cdots + (\xi_n \cdot \sigma_n)^2 \tag{3-17}$$

式中，ξ_1 为偏导数，由函数式的偏导求得 $\xi_1 = \dfrac{\partial f}{\partial A_i}$。

又因为 CPK $= \dfrac{2T}{6\sigma}$ 推导出
$$\sigma_i = \frac{T}{3 \cdot \text{CPK}_i} \tag{3-18}$$

将式（3-18）代入式（3-16）和式（3-17）得

线尺寸链
$$\left(\frac{T_\varepsilon}{\text{CPK}_\varepsilon}\right)^2 = \left(\frac{T_1}{\text{CPK}_1}\right)^2 + \cdots + \left(\frac{T_n}{\text{CPK}_n}\right)^2 \tag{3-19}$$

如果所有子环和封闭环取同一水平的 CPK 值，等式可简化为大家常见的公式如下
$$(T_\varepsilon)^2 = (T_1)^2 + \cdots + (T_n)^2 \tag{3-20}$$

注意：应用式（3-20）的前提是 CPK 在同一水平下。

几何矢量尺寸链　$\left(\dfrac{T_\varepsilon}{CPK_\varepsilon}\right)^2 = \left(\dfrac{\xi_1 \cdot T_1}{CPK_1}\right)^2 + \cdots + \left(\dfrac{\xi_n \cdot T_n}{CPK_n}\right)^2$ （3-21）

同上，CPK 水平一致时，得

$$(T_\varepsilon)^2 = (\xi_1 \cdot T_1)^2 + \cdots + (\xi_n \cdot T_n)^2 \qquad (3\text{-}22)$$

这样就可以求出封闭环的极限偏差值了。"

3.5.2　不同 CPK 值的求解

梦蝶："静姐，如果图 3-22 的子环都是 CPK=1.0，而我想知道 CPK=1.33 时封闭环的极限偏差是多少呢？"

陆静："很简单，图 3-22 内尺寸链是线性尺寸链，CPK 不统一则用式（3-18）。来尝试一下吧。"

梦蝶的计算式如下，并发现当 CPK 值取不同时，对应封闭环分布宽度是变化的。

$$\left(\frac{T_\varepsilon}{1.33}\right)^2 = \left(\frac{0.2}{1.0}\right)^2 + \left(\frac{0.2}{1.0}\right)^2 + \left(\frac{0.2}{1.0}\right)^2 + \left(\frac{0.2}{1.0}\right)^2 = 0.16$$

$$\Rightarrow \quad T_{\varepsilon 1.33} = 0.4 \times 1.33 = 0.532$$
$$T_{\varepsilon 1.67} = 0.4 \times 1.67 = 0.668$$
$$T_{\varepsilon 2.0} = 0.4 \times 2.0 = 0.8$$

梦蝶："哦，我终于明白，为什么概率法下，封闭环极限偏差是间接的。因为总成（封闭环）的离散程度是不会变的，当设计师给出期望的合格率（CPK 对应的合格率期）时，封闭环极限偏差也就确定了。"

天阳："那子环极限偏差为 0.2mm，CPK=1.0 时，如果我想知道子环 CPK=2.0 时，封闭环极限偏差分布可以用式（4-3）计算。"

$$\sigma = \frac{T_{1.0}}{3 \cdot CPK_{1.0}} = \frac{T_{2.0}}{3 \cdot CPK_{2.0}} = \frac{0.2}{3 \times 1.0} = \frac{T_{2.0}}{3 \times 2.0}$$
$$\Rightarrow \quad T_{2.0} = 0.4mm$$

练　习　题

1. 方向公差叠加时，$\tan\alpha = IT/L$。其中 L 代表_____。

2. 方向公差叠加的关键灵魂公式：_____。

3. 对于非线性的几何矢量结构的尺寸链图，数据处理的方法有两种：结构简单的可以求封闭环的最大和最小值法；结构复杂用_____。

4. 精打妙算有两部分内容：_____和_____。

5. 运算逻辑在尺寸链分析中是通过_____梳理。

6. 应用全微分法分析尺寸链时，自变量中值可以理解成子环的公称尺寸，自变量波动范围可以理解成自变量的极限偏差；因变量的中值代表封闭环的公称尺寸，因变量波动范围可以理解成_____。

7. 从统计极限偏差角度看等式 $CPK = T/(6\sigma)$，其中对 σ 描述最合适的是____。

A. 过程能力

B. 离散程度

C. 期望合格率下的允许分布宽度

D. 过程能力指数

8. Excel 列表法计算的最大的优点____。

A. 隐形的计算过程显性化（易查错）

B. 减少计算的工作量

C. 统一技术管理格式

9. 应用题。计算如图 3-23 所示的零件装配。计算 X 的最大值____，最小值：____。

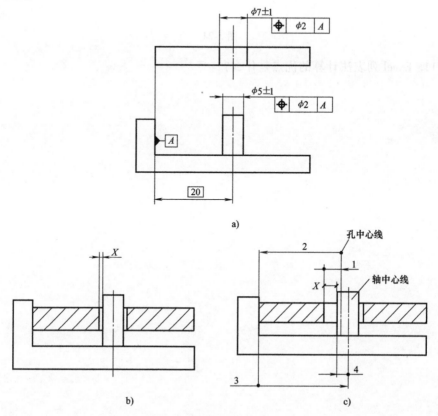

图 3-23

10. 如图 3-24 所示，两个零件进行装配，X 的最小值____。

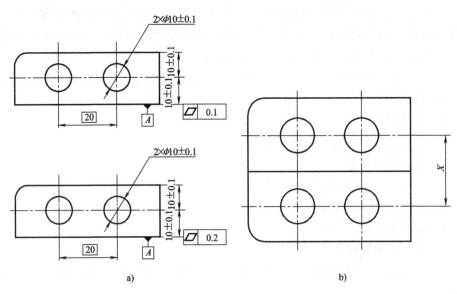

图 3-24

11. Excel 列表法计算的优点是什么？

第4章

有的放矢——筛选解决环

4.1 调整公称尺寸与极限偏差的区别

4.1.1 调整极限偏差

又到了季度学习日，本次陆静主任决定分享如何进行分析计算并选择处理方法。如图 4-1 所示为压装轴承套及其传递图，图 4-2 为夹具图，表 4-1 为对应计算列表（表中"+"表示增环公称尺寸，"−"表示减环公称尺寸）。

陆静："各位，如图 4-3 所示为轴承套和轴承之间的对称度要求是 0.1mm，我们是否可以通过调整图 4-2 中夹具的尺寸 5mm 来解决对称度问题呢？"

天阳："不可以，从表 4-1 中可以清晰地看到夹具定位尺寸 5mm 只能影响封闭环的公称尺寸，绝对不会影响封闭环的极限偏差。"

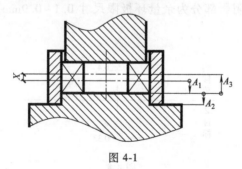

图 4-1

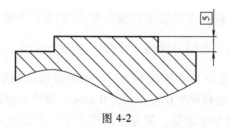

图 4-2

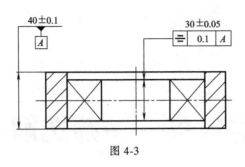

图 4-3

表 4-1

	+	−	极限偏差
1 轴承		15	0.025
2 夹具定位面		5	0
3 轴承套	20		0.05

$$\frac{20-20}{0\pm0.075}$$

陆静："那应该怎么办呢?"

梦蝶: "要调整子环的极限偏差值,比如轴承套的极限偏差从 0.05mm 改为 0.025mm。"

4.1.2 尺寸与极限偏差共同调整

如图 4-4 所示,阴影部分为余量环极限尺寸 0.1~0.9mm,同时已知手册推荐的余量为 $Z=1$mm。

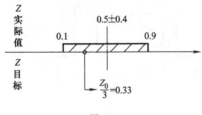

图 4-4

陆静:"先注意一点,实际最小切削余量必须大于手册推荐值的 1/3。$Z_{min} \geqslant \frac{1}{3}Z = 0.33$mm。请问大家在图中看到了什么?如何处理?"

天阳:"第一,余量环最小值 $0.1 < Z_{min}$,不满足最小切削余量要求。

第二,调整中值(公称尺寸 0.5mm)为 0.8mm,则最大切削量为 (0.8+0.4)mm = 1.2mm,这样可能会增加吃刀量,甚至会出现多切一刀的现象。

第三，收严极限偏差，余量环尺寸为（0.5±0.17）mm，这样将提高来料的要求，对前工序尺寸控制更严，甚至可能增加半精加工的工序。"

陆静："太棒了，回答思路完全正确。余量环的调整与刀具性能、机床刚度、夹具刚度、切削参数等有关，所以是一个综合的问题。当然从尺寸链的角度理解到这里即可。想要更详细的了解就只能在下次讨论机加工工艺时再聊了哈。"

4.1.3 调整公称尺寸

梦蝶："静姐，我有一个保险杆间隙的案例，如图4-5所示的装配图由2个子零件即保险杠（图4-6）和亮条（图4-7）组成。传递图如图4-8所示，计算列表4-2。"

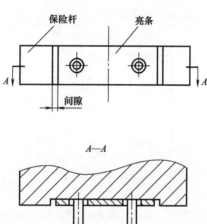

图 4-5

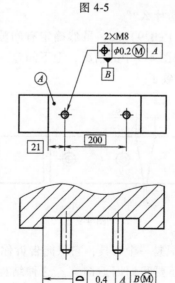

图 4-6

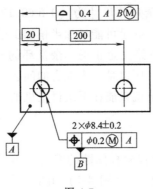

图 4-7

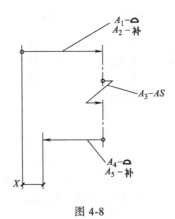

图 4-8

陆静："嗯，你的问题是什么？"

梦蝶："计算结果为（1±0.9）mm，虽然确定有间隙，但是最小值才 0.1mm，最大值 1.9mm，很容易造成图 4-9 中的情况，上下间隙不均匀，视觉体验很差。但是所有极限偏差已压缩到极致了。"

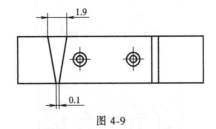

图 4-9

陆静："哈哈，尺寸链只是一个工具，它只能告诉你正在研究对象的数据结果（事实），如何优化和改良还要我们因地制宜。这种结构的间隙我们称之为断差，如果公称尺寸取 1mm，最大值 1.9mm 是最小值 0.1mm 的 19 倍，当然一眼能看出来。如果我们把公称尺寸改为 10mm，就不会太敏感了呀。"

4.2 常用极限偏差调整思路

4.2.1 打土豪——贡献率

陆静："看表 4-2，此列表法增加了一列贡献率。计算方法是本子环极限偏差除以封闭环极限偏差。所以当我们要减少封闭环的极限偏差时，最好是从哪里开始呢？"

梦蝶："当然是打土豪呀，子环 A3 的极限偏差贡献率占 62%，所以最容易达到效果哦。"

表 4-2

链环名称	公称尺寸		极限偏差	贡献率
	增环	减环		
A_1	10		0.1	10%
A_2		20	0.09	9%
A_3	30		0.6	62%
A_4		22	0.07	7%
A_5	43		0.11	11%
	83	42		
封闭环		41±	0.97	

4.2.2 公共环

图 4-10 为三个尺寸链传递图共用一个子环 A3 的现象。封闭环有三个，即 X_1、X_2、X_3。

陆静："各位，我们的假设前提如下。

第一，三个封闭环的计算结果同时大于设计要求。

第二，所有子环的极限尺寸值都是各自工艺过程中设备能力的经济极限。

第三，夹具和工艺已优化到极致，只能更换更高价格的机床。

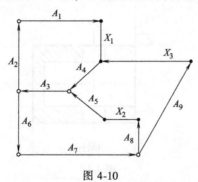

图 4-10

那么，应该替换哪个子环对应的设备？为什么？"

梦蝶："哈，我选 A_3 环，因为 A_3 环的极限偏差减少后会同时减少 X_1、X_2、X_3 三个封闭环的极限偏差。"

陆静："对，这就是我们定义公共环的作用。可以减少工艺设备的投资哦。"

4.2.3　收严产品过程精度

产品图 4-11，工艺 OP10 如图 4-12 所示，OP20 如图 4-13 所示。传递图如图 4-14 所示。

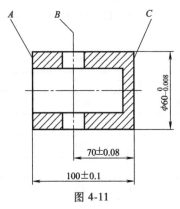

图 4-11

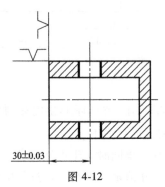

图 4-12

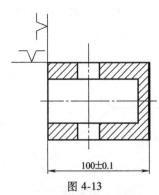

图 4-13

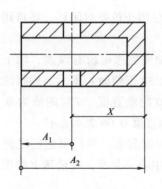

		增环	减环	极限偏差	贡献率
A_1	OP10打孔		30	0.03	23%
A_2	OP20车端面	100		0.1	77%

70±0.13

图 4-14

陆静："大家看下，工艺无法满足（70±0.08）mm 这个尺寸的要求，而贡献率最高的子环 A2 是 OP20 工序的车端面，但这个工艺尺寸完全满足产品图样要求。大家如何看？"

天阳："静姐，这种情况在工艺中常见，为了确保最终尺寸合格，我们通常会加严相关尺寸前道工序的极限偏差，甚至有'工艺孔'的现象出现。所以我们把 OP20 工序的尺寸（100±0.1）mm 调成（100±0.03）mm 即可。当然这样做的前提是设备能力足够。"

4.2.4　优化工艺

陆静："大家还记得图 1-1 所示的产品在图 1-2、图 1-3 的工艺条件下无法生产出合格产品的案例吗？"

天阳："静姐，这个其实可以通过调整工艺基准来解决。修改 OP20 的定位基准，如图 4-15 所示。"

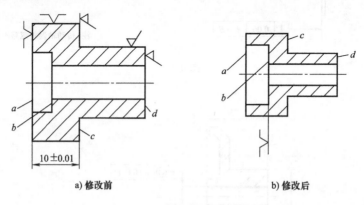

a) 修改前　　　　　b) 修改后

图 4-15

4.2.5　补偿环

陆静："大家还记得我们在第 1、2、3 章中讨论过补偿环的案例吗？通过调整预先选定环的尺寸来满足封闭环要求，这一做法不仅用于位置封闭环，还可用于方向封闭环。"

"下面我们看锯切装置总成图 4-16，假设传动轴完美忽略所有误差，轴上法兰的加工过程如图 4-17（OP20 镗内孔）、图 4-18（OP30 车侧面）所示。根据法兰工艺过程的传递图（图 4-19）计算可以得知，图 4-20 的垂直度 "T" 的值为 0.1mm（计算方法见 3.1.5 节）。但无法确定图 4-16 中的垂直度 0.06 怎么办？"

梦蝶："我知道，我们可以把法兰和传动轴先装配起来，并约束它们之间的相对移动，这样就相当于一个零件了。然后以传动轴中心为基准，在磨床上磨图 4-20 中的 K 面。"

陆静："太棒了，这就是一个补偿环。这种做法人们常称之为现场加工，现合等。"

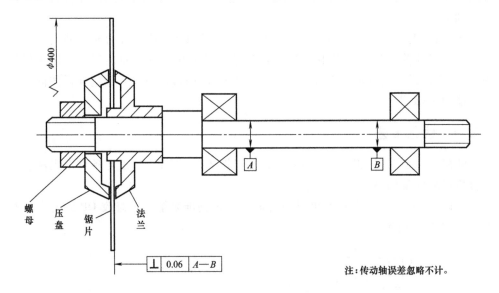

图 4-16

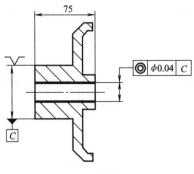

图 4-17

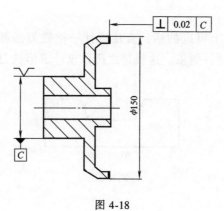

图 4-18

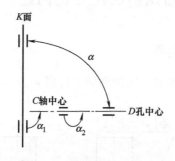

图 4-19

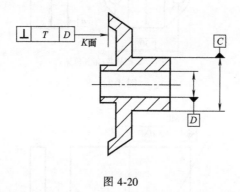

图 4-20

4.2.6 成形刀具

陆静："大家还记得第2.6.1节讨论的成形刀具案例吗？封闭环（40±0.1）mm，经过分析，铣刀尺寸 $A_2 = 36.334 \sim 36.386$mm。如果封闭环的极限偏差收严，则 A_2 尺寸也会收得更严，当封闭环极限偏差小于±0.05mm 时，将导致无法设计铣刀尺寸 A_2。那怎么办呢？"

大家纷纷摇头。

陆静："如果技术上可以的话，直接设计一把铣刀，可以同时对图 4-21 中的 a、b、c、d、e 5 个面进行加工。这就是之所以设计成形铣刀的原因。"

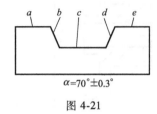

$\alpha=70°\pm0.3°$

图 4-21

4.3　巧用几何公差知识解决尺寸链问题

4.3.1　孔组撞到实效边界

图 4-22 是一个液压涨紧器，装配到对手件图 4-23 中，用两个螺栓联接。

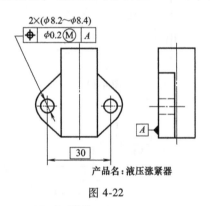

产品名：液压涨紧器

图 4-22

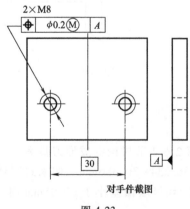

对手件截图

图 4-23

陆静："我想知道，液压涨紧器装配时是否会与螺栓干涉。"

梦蝶："这个可用尺寸链分析，如图4-24所示。"

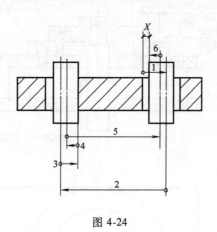

图 4-24

陆静："很好，这个方法可以。但是有两个问题：第一，传递图太复杂，容易出错；第二，如图4-25所示，有4个孔装配螺栓时，尺寸链就无法计算了。"

陆静看看大家，继续说："像这些成组的孔或轴结构是很常见的，解决方法也很简单，就是用几何公差知识中的实效边界（实际有效设计边界）来解决。"（"实际有效设计边界"在《精通几何公差》和《几何公差那些事儿》中都有详细介绍，而且这部分内容不属于尺寸链，在此就不赘述了。）

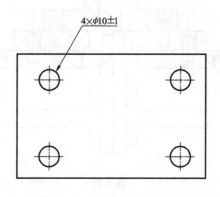

图 4-25

4.3.2 同心预定位结构分析

天阳："陆主任，我有一个测试工装，结构复杂，将图4-26所示的测试心轴插入工件内孔时会出问题，心轴头部会如图4-27所示把工件顶起来。"

陆静："这种结构看起来复杂，其实有几个关键点掌握之后就可以理解了。第

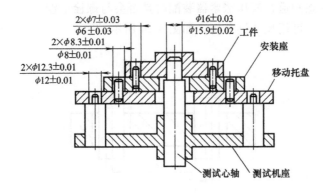

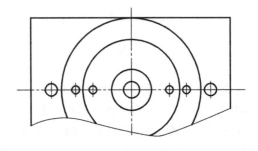

图 4-26

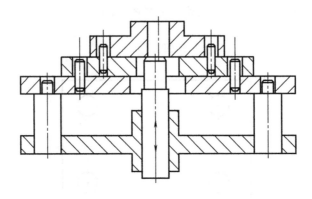

图 4-27

一点，装配偏移；第二点，同心装配预定位结构与倒角相结合；第三点，一面二销
结构的设计；第四点，用实效边界的概念来验算一面三销结构的干涉情况。"

梦蝶和天阳异口同声地说："愿闻其详。"

陆静："装配偏移在第 2.2.4 节中已经介绍过了，现在我们介绍第二点：同心
预定位结构。"

相关尺寸：工件（图 4-28），安装座（图 4-29），托盘（图 4-30）。

极限状态：如图 4-31 所示。测试机座固定不动，移动托盘、安装座和工件同时向左移动到极限，此时工件 $\phi16$ 的内孔与心轴左右侧的间隙会减少到最危险状态，甚至发生干涉。

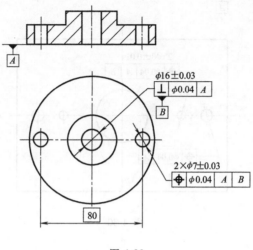

图 4-28

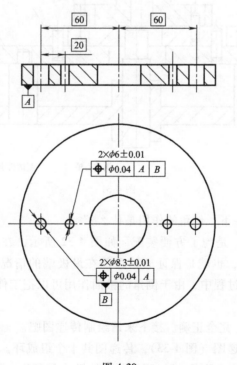

图 4-29

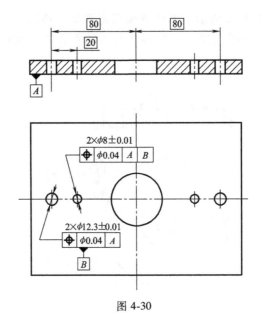

图 4-30

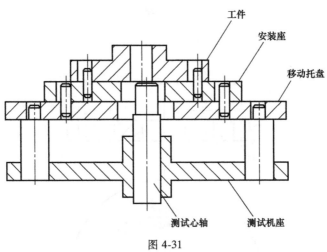

图 4-31

陆静:"嗯,问一下,倒角的作用是什么?"

梦蝶:"我知道,是为了方便装配。如图 4-32 所示,在心轴顶端加工一个倒角,使图中 X 大于零,也就是保证心轴顶部在最极端的情况下也可以进入工件内孔,然后在心轴上升过程中,由于倒角的锥面作用可以把工件倒正,这样装配就可以正常进行了。"

陆静:"非常棒!完全正确。接下来请绘制传递图吧。"

天阳立刻绘制传递图(图 4-33),传递图共十个组成环。

梦蝶列了一个清单,见表 4-3,明确各环的尺寸和名称,并在表 4-4 中计算出封

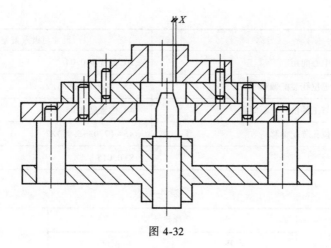

图 4-32

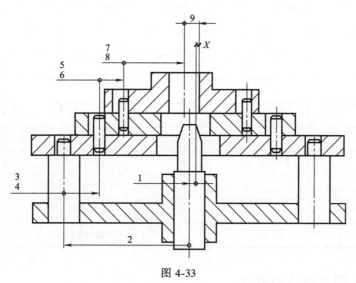

图 4-33

闭环尺寸：$(8-A) \pm (0.925+B)$，我们假设 $X \geqslant 1$mm，倒角极限偏差 $B = 0.055$mm。

　　得：$(8-A) - (0.925+B) = 8-A-0.925-0.055 = 7.02-A \geqslant 1$

　　$A \leqslant 6.02$mm

　　所以倒角取值 (2 ± 0.055)mm。

表 4-3　　　　　　　　　　　　　　　　　　　　　（单位：mm）

环	名称	尺寸与极限偏差
1	心轴头部尺寸	假设 $A \pm B$
2	测试机座中心到定位销中心	80
3	定位销中心间距	20，位置度 0.04
4	托盘定位孔装配偏移	$AS = (12.31 - 11.99)/2$

（续）

环	名称	尺寸与极限偏差
5	定位销中心间距	20,位置度 0.04
6	安装座定位孔装配偏移	$AS=(8.31-7.99)/2$
7	定位销与工件内孔中心间距	40,位置度 0.04
8	工件定位孔装配偏移	$AS=(7.03-5.97)/2$
9	内孔半径	8 ± 0.015

表 4-4 （单位：mm）

环	公称尺寸		极限偏差
	增环	减环	
1		A	B
2		80	0
3	20		0.02
4	0		0.16
5	20		0.02
6	0		0.16
7	40		0.02
8	0		0.53
9	8		0.015
	$(8-A)\pm(0.925+B)$		

4.3.3 一面二销结构设计

陆静："现在看图 4-34，销 $\phi7.8\pm0.1$mm，孔 8 ± 0.1mm，装配时会发生干涉吗？"

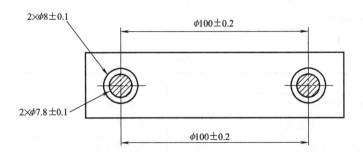

图 4-34

天阳："可能会干涉。当孔取最小值7.9mm，两个销取最大值7.9mm，且两孔间的距离和两轴间的距离分别保持在理论正确尺寸100mm时正好可以安装不干涉。一旦两孔间的距离或两销之间的距离偏离理论距离100mm，则会干涉。"

陆静："有解决思路吗？"

天阳："可以用图4-35中两个 X 值的关系来求。"当 X_2 的最小值大于 X_1 的最大值时，可以装配。所以假设孔的公称尺寸为 D，代入下列公式

X_1 最大值：$X_{1max} = [100+0.2-(D-0.1)\div2\times2]\text{mm} = (100.3-D)\text{mm}$

X_2 最小值：$X_{2min} = [100-0.2-(7.8+0.1)\div2\times2] = 99.7-7.8\text{mm} = 91.9\text{mm}$

$$X_{2min} = 91.9 > 100.3-D = X_{1max}$$

$$D > 8.4\text{mm}$$

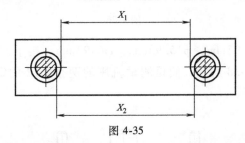

图 4-35

陆静："我们常用两种方法来解决一面二销的干涉问题。一种是增加孔轴之间的间隙来避免干涉。另一种是用菱形销（具体方法见机械工业出版社《工装夹具那些事儿》5.3.1节）。"

梦蝶："静姐，这两种方法各有什么优缺点呢？"

陆静："我们（这一章节）讨论的正是一面二销的定位问题，对吗？那定位是要准一点好，还是松一点好呢？"

梦蝶："当然是要准一点好啦。也就是说天阳的方法增大了定位孔的直径，从而导致孔轴之间的间隙从单边0.2mm增加到了0.4mm，所以定位精度就下降了。如果用菱形销的话，可以在装配不干涉的情况下确保间隙为0.2mm，从而增加了定位精度哦。"

陆静："非常棒，在这里菱形销结构的作用也就是在不提高机加工能力的情况下提升精度的哦。"

4.3.4　用实效边界分析一面三销的干涉情况

天阳："静姐，我担心一个问题，图4-36中工件是一面三销的结构，会不会干涉呢？"

陆静："第4.3.1节中介绍的实效边界还记得吗？尝试算一下。"

天阳："我先构建模型，如图4-36所示。可以计算出各孔的实效装配边界，

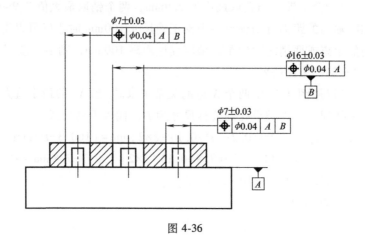

图 4-36

从左到右分别为 $\phi6.93$mm，$\phi15.93$mm，$\phi6.93$mm。接下来求三个销的实效边界。如图 4-37、图 4-38 所示，假设测试机座的两个 $\phi12$ 的定位销与测试心轴之间的位置完美。

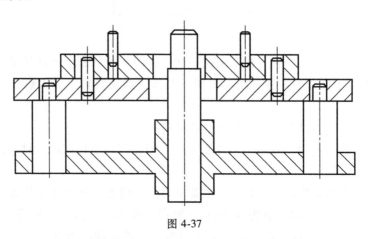

图 4-37

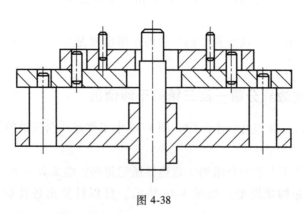

图 4-38

如图 4-37 所示，托盘向左装配偏移 (12.31-11.99)/2mm = 0.16mm；安装座向左装配偏移 (8.31-7.99)/2mm = 0.16mm。

如图 4-38 所示，托盘向右装配偏移 (12.31-11.99)/2mm = 0.16mm；安装座向右装配偏移 (8.31-7.99)/2mm = 0.16mm。

则图 4-39 中两个 $\phi6\pm0.03$ mm 的销本身位置度 $\phi0.04$mm，加上托盘和安装座的装配偏移 (0.16+0.16)mm，极限状态这两个销相对测试心轴左右偏移量为 0.34mm，所以两销的实效边界为 (6+0.03+0.68)mm = 6.71mm，小于孔的实效边界 $\phi6.93$mm。测试心轴极限状态 $\phi15.92$mm 小于孔实效边界 $\phi15.93$mm。所以可以装配，不会发生干涉。"

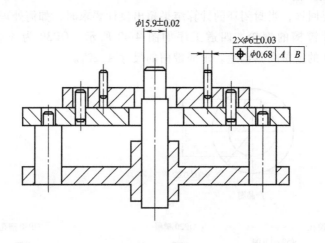

图 4-39

测试工装案例讨论完后，天阳心里对尺寸链有了些新的想法。

第一，尺寸链是分析误差累积过程的一种方法，可以帮助人们寻找解决问题的方案，但是它本身不能解决问题。

第二，既然是一种解决方法，就会有适用的前提条件，并且会有其他解决方法。比如有些结构可以用更科学的实效边界法来代替尺寸链计算工作。

第三，调整尺寸链计算结果时，需要根据实际情况来确定调整对象。调整公称尺寸，调整极限偏差，或同时调整公称尺寸和极限偏差。

第四，产品设计尺寸链或工艺尺寸链，都遵循四个步骤。

擒贼擒王——甄别封闭环。

顺藤摸瓜——绘制传递图。

精打妙算——巧用计算法。

有的放矢——筛选解决环。

练 习 题

1. 电机装配时，电机轴的端面经常会根据需要放入不同厚度的垫片，垫片在尺寸链图中被称之为_____。

2. 当封闭环的计算结果超出设计要求时，常用的打土豪的方法有____。

A. 收严前序极限偏差（前提是设备能力足够）

B. 优化夹具定位方案

C. 增加补偿环

D. 统计极限偏差

3. 请简要回答，当封闭环的计算结果超出设计要求时，如何处理？

4. 加工带键槽的滚轮，四道工序如图 4-40 所示，OP30 为淬火。其中忽略 OP10 与 OP40 的定位夹具误差。求插键槽的尺寸 $A_1 \pm T_1$。

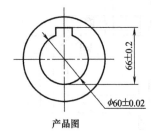

产品图

图 4-40

5. 如图 4-41 所示，封闭环在 CPK=1.33 的要求下极限偏差值 T 是多少？

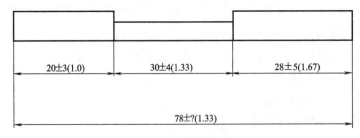

图 4-41

6. 请问是否可以保证图 4-42 中（4±0.4）mm 的间隙极限偏差？零件图如图 4-43、图 4-44、图 4-45、图 4-46 所示。

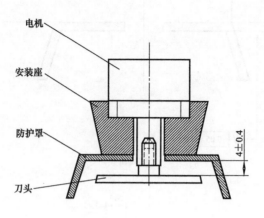

图 4-42

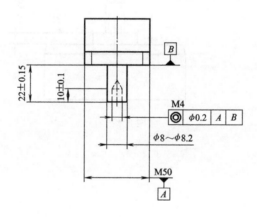

图 4-43

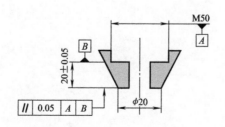

图 4-44

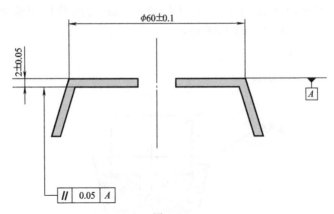

图 4-45

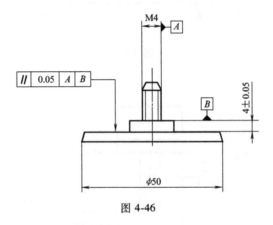

图 4-46

第一章

1. 封闭环

2. 方向，位置

3. 极限边界法

4. 补偿环

5. ABC

第二章

1. 减小

2. 增大

3. 平面度　垂直度

4. 孔的最大值　　轴的最小值

5. 挂面图　　追踪法

6. 珠帘图

7. 极限边界绘图法

第三章

1. 有效作用长度

2. $\tan(\alpha+\beta) = \tan\alpha + \tan\beta$

3. 全微分法

4. 运算逻辑　运算数据

5. 传递图

6. 封闭环极限偏差

7. A

8. A

9. 7，3.8

10. 19.7

11. 隐形的计算过程显性化，包括：计算逻辑和计算数据

第四章

1. 补偿环

2. AB

3. 答：一）确定调整公称尺寸还是极限偏差

二）极限偏差调整

1) 打土豪——贡献率；2) 增加补偿环；3) 统计极限偏差；4) 优化夹具或工艺；5) 优化产品结构。

4.

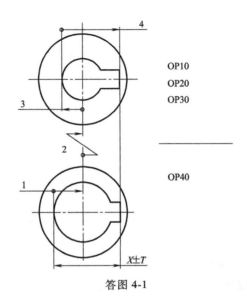

答图 4-1

答表 4-1

序号	环名称	增环	减环	极限偏差
1	OP40 磨孔	30		0.01
2	OP10 与 OP40 中心定位误差	0	0	0
3	OP10 镗孔		29.8	0.02
4	OP20 插齿	A_1		T_1

$$(0.2 + A_1) \pm (T_1 + 0.03)$$

封闭环公称尺寸：$66 = 0.2 + A_1$，则 $A_1 = 65.8$mm。

封闭环极限偏差：$0.2 = T_1 + 0.03$，则 $T_1 = 0.17$mm。

5. 答：由式（3-19）得

$$\left(\frac{T_\varepsilon}{1.33}\right)^2 = \left(\frac{3}{1.00}\right)^2 + \left(\frac{4}{1.33}\right)^2 + \left(\frac{5}{1.67}\right)^2$$

$$\Rightarrow \quad T_\varepsilon = 6.91$$

6. 答：不可以，原因是方向误差的叠加。方向叠加传递图如下：

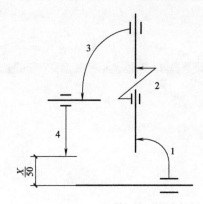

计算：数值代入式（3-8）得

$$\frac{X}{50}=\frac{0.05}{50}+\frac{0.2}{10}+\frac{0.05}{20}+\frac{0.05}{50}$$

$$X=1.225\text{mm}$$

附录

附录 A　尺寸链秒杀神器应用

附录 A-1：位置度

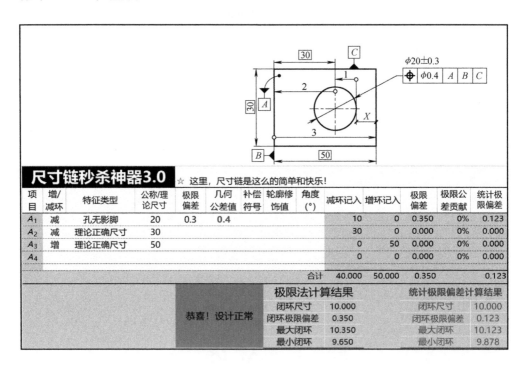

尺寸链秒杀神器3.0									☆ 这里，尺寸链是这么的简单和快乐！				
项目	增/减环	特征类型	公称/理论尺寸	极限偏差	几何公差值	补偿符号	轮廓修饰值	角度(°)	减环记入	增环记入	极限偏差	极限公差贡献	统计极限偏差
A_1	减	孔无影脚	20	0.3	0.4				10	0	0.350	0%	0.123
A_2	减	理论正确尺寸	30						30	0	0.000	0%	0.000
A_3	增	理论正确尺寸	50						0	50	0.000	0%	0.000
A_4									0	0	0.000	0%	0.000
								合计	40.000	50.000	0.350		0.123

	极限法计算结果		统计极限偏差计算结果	
恭喜！设计正常	闭环尺寸	10.000	闭环尺寸	10.000
	闭环极限偏差	0.350	闭环极限偏差	0.123
	最大闭环	10.350	最大闭环	10.123
	最小闭环	9.650	最小闭环	9.878

98

附录 A-2：同轴度

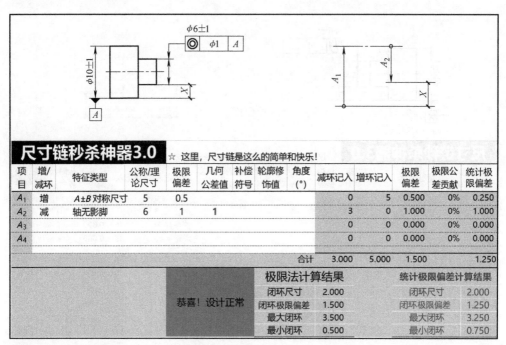

尺寸链秒杀神器3.0　☆ 这里，尺寸链是这么的简单和快乐！

项目	增/减环	特征类型	公称/理论尺寸	极限偏差	几何公差值	补偿符号	轮廓修饰值	角度(°)	减环记入	增环记入	极限偏差	极限公差贡献	统计极限偏差
A_1	增	A±B 对称尺寸	5	0.5					0	5	0.500	0%	0.250
A_2	减	轴无影脚	6	1	1				3	0	1.000	0%	1.000
A_3									0	0	0.000	0%	0.000
A_4									0	0	0.000	0%	0.000
								合计	3.000	5.000	1.500		1.250

恭喜！设计正常	极限法计算结果		统计极限偏差计算结果	
	闭环尺寸	2.000	闭环尺寸	2.000
	闭环极限偏差	1.500	闭环极限偏差	1.250
	最大闭环	3.500	最大闭环	3.250
	最小闭环	0.500	最小闭环	0.750

附录 A-3：对称度

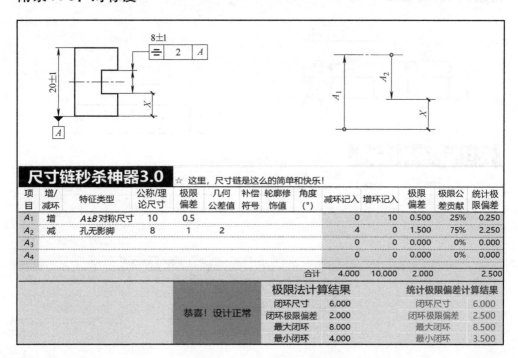

尺寸链秒杀神器3.0　☆ 这里，尺寸链是这么的简单和快乐！

项目	增/减环	特征类型	公称/理论尺寸	极限偏差	几何公差值	补偿符号	轮廓修饰值	角度(°)	减环记入	增环记入	极限偏差	极限公差贡献	统计极限偏差
A_1	增	A±B 对称尺寸	10	0.5					0	10	0.500	25%	0.250
A_2	减	孔无影脚	8	1	2				4	0	1.500	75%	2.250
A_3									0	0	0.000	0%	0.000
A_4									0	0	0.000	0%	0.000
								合计	4.000	10.000	2.000		2.500

恭喜！设计正常	极限法计算结果		统计极限偏差计算结果	
	闭环尺寸	6.000	闭环尺寸	6.000
	闭环极限偏差	2.000	闭环极限偏差	2.500
	最大闭环	8.000	最大闭环	8.500
	最小闭环	4.000	最小闭环	3.500

附录 A-4：跳动

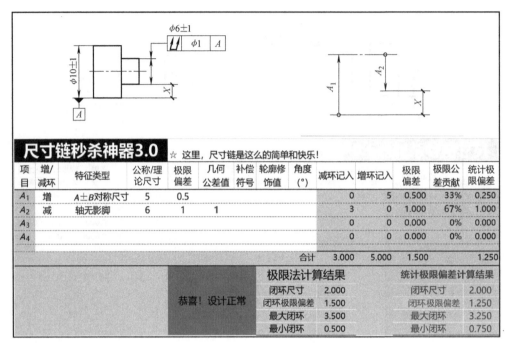

尺寸链秒杀神器3.0
☆ 这里，尺寸链是这么的简单和快乐！

项目	增/减环	特征类型	公称/理论尺寸	极限偏差	几何公差值	补偿符号	轮廓修饰值	角度(°)	减环记入	增环记入	极限偏差	极限公差贡献	统计极限偏差
A_1	增	$A\pm B$对称尺寸	5	0.5					0	5	0.500	33%	0.250
A_2	减	轴无影脚	6	1	1				3	0	1.000	67%	1.000
A_3									0	0	0.000	0%	0.000
A_4									0	0	0.000	0%	0.000
								合计	3.000	5.000	1.500		1.250

恭喜！设计正常	极限法计算结果		统计极限偏差计算结果	
	闭环尺寸	2.000	闭环尺寸	2.000
	闭环极限偏差	1.500	闭环极限偏差	1.250
	最大闭环	3.500	最大闭环	3.250
	最小闭环	0.500	最小闭环	0.750

附录 A-5：轮廓度

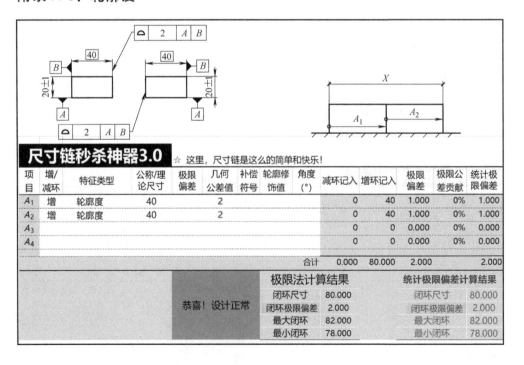

尺寸链秒杀神器3.0
☆ 这里，尺寸链是这么的简单和快乐！

项目	增/减环	特征类型	公称/理论尺寸	极限偏差	几何公差值	补偿符号	轮廓修饰值	角度(°)	减环记入	增环记入	极限偏差	极限公差贡献	统计极限偏差
A_1	增	轮廓度	40		2				0	40	1.000	0%	1.000
A_2	增	轮廓度	40		2				0	40	1.000	0%	1.000
A_3									0	0	0.000	0%	0.000
A_4									0	0	0.000	0%	0.000
								合计	0.000	80.000	2.000		2.000

恭喜！设计正常	极限法计算结果		统计极限偏差计算结果	
	闭环尺寸	80.000	闭环尺寸	80.000
	闭环极限偏差	2.000	闭环极限偏差	2.000
	最大闭环	82.000	最大闭环	82.000
	最小闭环	78.000	最小闭环	78.000

附录 A-6：不对称轮廓度 ⓤ

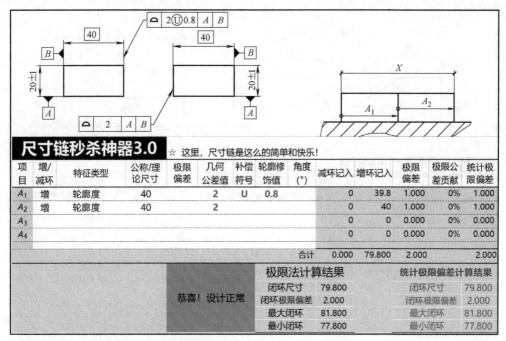

项目	增/减环	特征类型	公称/理论尺寸	极限偏差	几何公差值	补偿符号	轮廓修饰值	角度(°)	减环记入	增环记入	极限偏差	极限公差贡献	统计极限偏差
A_1	增	轮廓度	40		2	U	0.8		0	39.8	1.000	0%	1.000
A_2	增	轮廓度	40		2				0	40	1.000	0%	1.000
A_3									0	0	0.000	0%	0.000
A_4									0	0	0.000	0%	0.000
								合计	0.000	79.800	2.000		2.000

	极限法计算结果		统计极限偏差计算结果	
恭喜！设计正常	闭环尺寸	79.800	闭环尺寸	79.800
	闭环极限偏差	2.000	闭环极限偏差	2.000
	最大闭环	81.800	最大闭环	81.800
	最小闭环	77.800	最小闭环	77.800

附录 A-7：不对称轮廓度 UZ

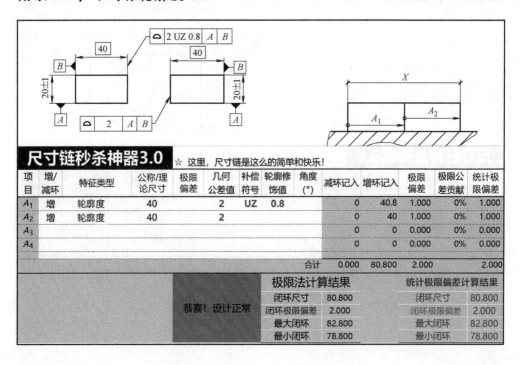

项目	增/减环	特征类型	公称/理论尺寸	极限偏差	几何公差值	补偿符号	轮廓修饰值	角度(°)	减环记入	增环记入	极限偏差	极限公差贡献	统计极限偏差
A_1	增	轮廓度	40		2	UZ	0.8		0	40.8	1.000	0%	1.000
A_2	增	轮廓度	40		2				0	40	1.000	0%	1.000
A_3									0	0	0.000	0%	0.000
A_4									0	0	0.000	0%	0.000
								合计	0.000	80.800	2.000		2.000

	极限法计算结果		统计极限偏差计算结果	
恭喜！设计正常	闭环尺寸	80.800	闭环尺寸	80.800
	闭环极限偏差	2.000	闭环极限偏差	2.000
	最大闭环	82.800	最大闭环	82.800
	最小闭环	78.800	最小闭环	78.800

附录 A-8：有倾斜面的轮廓度（α＝60°）

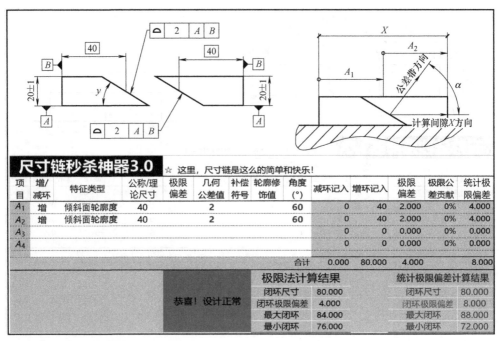

尺寸链秒杀神器3.0 　☆ 这里，尺寸链是这么的简单和快乐！

项目	增/减环	特征类型	公称/理论尺寸	极限偏差	几何公差值	补偿符号	轮廓修饰值	角度(°)	减环记入	增环记入	极限偏差	极限公差贡献	统计极限偏差
A_1	增	倾斜面轮廓度	40		2			60	0	40	2.000	0%	4.000
A_2	增	倾斜面轮廓度	40		2			60	0	40	2.000	0%	4.000
A_3									0	0	0.000	0%	0.000
A_4									0	0	0.000	0%	0.000
								合计	0.000	80.000	4.000		8.000

恭喜！设计正常	极限法计算结果		统计极限偏差计算结果	
	闭环尺寸	80.000	闭环尺寸	80.000
	闭环极限偏差	4.000	闭环极限偏差	8.000
	最大闭环	84.000	最大闭环	88.000
	最小闭环	76.000	最小闭环	72.000

附录 A-9：位置度+Ⓜ

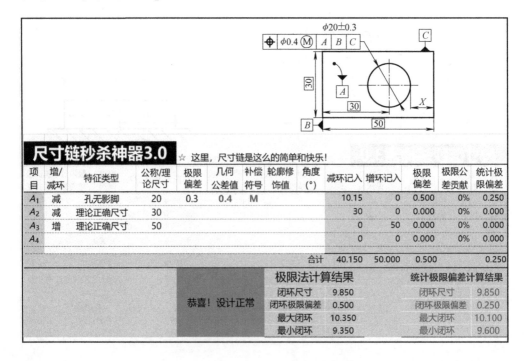

尺寸链秒杀神器3.0 　☆ 这里，尺寸链是这么的简单和快乐！

项目	增/减环	特征类型	公称/理论尺寸	极限偏差	几何公差值	补偿符号	轮廓修饰值	角度(°)	减环记入	增环记入	极限偏差	极限公差贡献	统计极限偏差
A_1	减	孔无影脚	20	0.3	0.4	M			10.15	0	0.500	0%	0.250
A_2	减	理论正确尺寸	30						30	0	0.000	0%	0.000
A_3	增	理论正确尺寸	50						0	50	0.000	0%	0.000
A_4									0	0	0.000	0%	0.000
								合计	40.150	50.000	0.500		0.250

恭喜！设计正常	极限法计算结果		统计极限偏差计算结果	
	闭环尺寸	9.850	闭环尺寸	9.850
	闭环极限偏差	0.500	闭环极限偏差	0.250
	最大闭环	10.350	最大闭环	10.100
	最小闭环	9.350	最小闭环	9.600

附录 A-10：位置度+Ⓛ

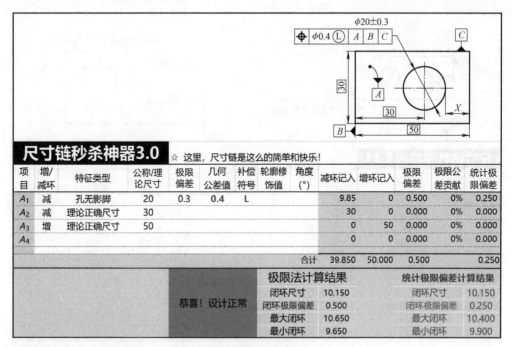

项目	增/减环	特征类型	公称/理论尺寸	极限偏差	几何公差值	补偿符号	轮廓修饰值	角度(°)	减环记入	增环记入	极限偏差	极限公差贡献	统计极限偏差
A_1	减	孔无影脚	20	0.3	0.4	L			9.85	0	0.500	0%	0.250
A_2	减	理论正确尺寸	30						30	0	0.000	0%	0.000
A_3	增	理论正确尺寸	50						0	50	0.000	0%	0.000
A_4									0	0	0.000	0%	0.000
							合计		39.850	50.000	0.500		0.250

尺寸链秒杀神器3.0 ☆ 这里，尺寸链是这么的简单和快乐！

	极限法计算结果		统计极限偏差计算结果	
恭喜！设计正常	闭环尺寸	10.150	闭环尺寸	10.150
	闭环极限偏差	0.500	闭环极限偏差	0.250
	最大闭环	10.650	最大闭环	10.400
	最小闭环	9.650	最小闭环	9.900

附录 A-11：回马枪（实体中心到基准距离）

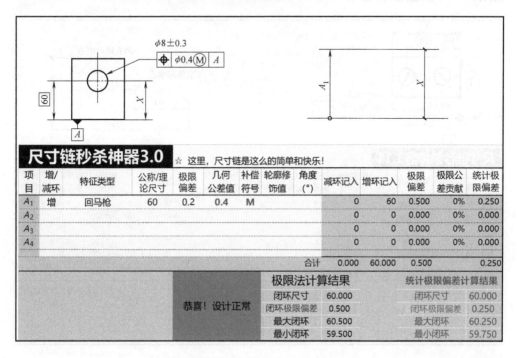

项目	增/减环	特征类型	公称/理论尺寸	极限偏差	几何公差值	补偿符号	轮廓修饰值	角度(°)	减环记入	增环记入	极限偏差	极限公差贡献	统计极限偏差
A_1	增	回马枪	60	0.2	0.4	M			0	60	0.500	0%	0.250
A_2									0	0	0.000	0%	0.000
A_3									0	0	0.000	0%	0.000
A_4									0	0	0.000	0%	0.000
							合计		0.000	60.000	0.500		0.250

尺寸链秒杀神器3.0 ☆ 这里，尺寸链是这么的简单和快乐！

	极限法计算结果		统计极限偏差计算结果	
恭喜！设计正常	闭环尺寸	60.000	闭环尺寸	60.000
	闭环极限偏差	0.500	闭环极限偏差	0.250
	最大闭环	60.500	最大闭环	60.250
	最小闭环	59.500	最小闭环	59.750

附录 A-12：基准补偿 1

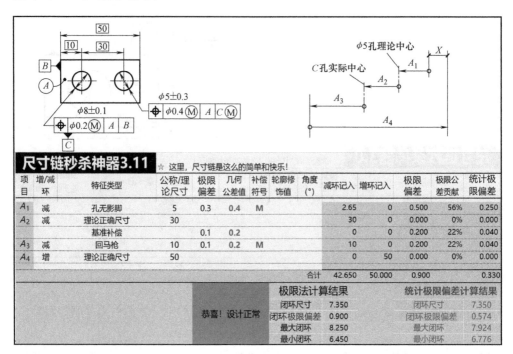

尺寸链秒杀神器3.11 ☆ 这里，尺寸链是这么的简单和快乐！

项目	增/减环	特征类型	公称/理论尺寸	极限偏差	几何公差值	补偿符号	轮廓修饰值	角度(°)	减环记入	增环记入	极限偏差	极限公差贡献	统计极限偏差
A_1	减	孔无影脚	5	0.3	0.4	M			2.65	0	0.500	56%	0.250
A_2	减	理论正确尺寸	30						30	0	0.000	0%	0.000
		基准补偿		0.1	0.2				0	0	0.200	22%	0.040
A_3	减	回马枪	10	0.1	0.2	M			10	0	0.200	22%	0.040
A_4	增	理论正确尺寸	50						0	50	0.000	0%	0.000
								合计	42.650	50.000	0.900		0.330

	极限法计算结果		统计极限偏差计算结果	
恭喜！设计正常	闭环尺寸	7.350	闭环尺寸	7.350
	闭环极限偏差	0.900	闭环极限偏差	0.574
	最大闭环	8.250	最大闭环	7.924
	最小闭环	6.450	最小闭环	6.776

附录 A-13：基准补偿 2

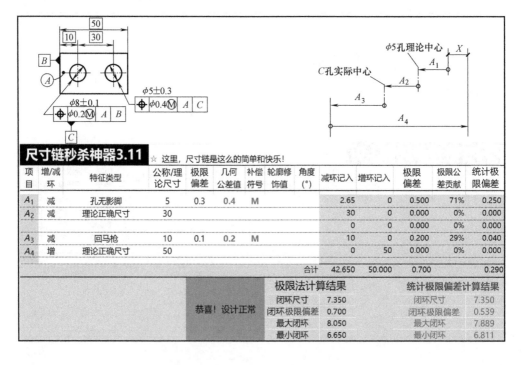

尺寸链秒杀神器3.11 ☆ 这里，尺寸链是这么的简单和快乐！

项目	增/减环	特征类型	公称/理论尺寸	极限偏差	几何公差值	补偿符号	轮廓修饰值	角度(°)	减环记入	增环记入	极限偏差	极限公差贡献	统计极限偏差
A_1	减	孔无影脚	5	0.3	0.4	M			2.65	0	0.500	71%	0.250
A_2	减	理论正确尺寸	30						30	0	0.000	0%	0.000
									0	0	0.000	0%	0.000
A_3	减	回马枪	10	0.1	0.2	M			10	0	0.200	29%	0.040
A_4	增	理论正确尺寸	50						0	50	0.000	0%	0.000
								合计	42.650	50.000	0.700		0.290

	极限法计算结果		统计极限偏差计算结果	
恭喜！设计正常	闭环尺寸	7.350	闭环尺寸	7.350
	闭环极限偏差	0.700	闭环极限偏差	0.539
	最大闭环	8.050	最大闭环	7.889
	最小闭环	6.650	最小闭环	6.811

附录 A-14：基准补偿 3

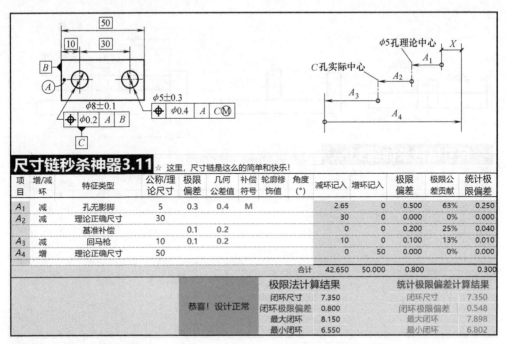

尺寸链秒杀神器3.11
☆ 这里，尺寸链是这么的简单和快乐！

项目	增/减环	特征类型	公称/理论尺寸	极限偏差	几何公差值	补偿符号	轮廓修饰值	角度(°)	减环记入	增环记入	极限偏差	极限公差贡献	统计极限偏差
A_1	减	孔无影脚	5	0.3	0.4	M			2.65	0	0.500	63%	0.250
A_2	减	理论正确尺寸	30						30	0	0.000	0%	0.000
		基准补偿		0.1	0.2				0	0	0.200	25%	0.040
A_3	减	回马枪	10	0.1	0.2				10	0	0.100	13%	0.010
A_4	增	理论正确尺寸	50						0	50	0.000	0%	0.000
								合计	42.650	50.000	0.800		0.300

	极限法计算结果		统计极限偏差计算结果	
恭喜！设计正常	闭环尺寸	7.350	闭环尺寸	7.350
	闭环极限偏差	0.800	闭环极限偏差	0.548
	最大闭环	8.150	最大闭环	7.898
	最小闭环	6.550	最小闭环	6.802

附录 A-15：无间道

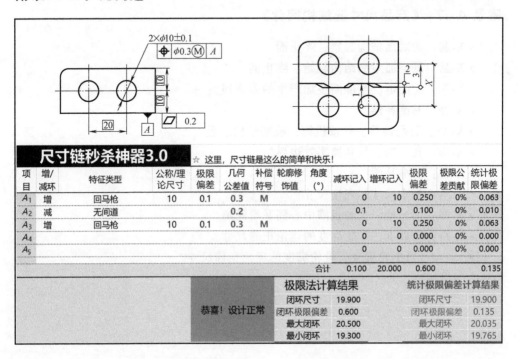

尺寸链秒杀神器3.0
☆ 这里，尺寸链是这么的简单和快乐！

项目	增/减环	特征类型	公称/理论尺寸	极限偏差	几何公差值	补偿符号	轮廓修饰值	角度(°)	减环记入	增环记入	极限偏差	极限公差贡献	统计极限偏差
A_1	增	回马枪	10	0.1	0.3	M			0	10	0.250	0%	0.063
A_2	减	无间道			0.2				0.1	0	0.100	0%	0.010
A_3	增	回马枪	10	0.1	0.3	M			0	10	0.250	0%	0.063
A_4									0	0	0.000	0%	0.000
A_5									0	0	0.000	0%	0.000
								合计	0.100	20.000	0.600		0.135

	极限法计算结果		统计极限偏差计算结果	
恭喜！设计正常	闭环尺寸	19.900	闭环尺寸	19.900
	闭环极限偏差	0.600	闭环极限偏差	0.135
	最大闭环	20.500	最大闭环	20.035
	最小闭环	19.300	最小闭环	19.765

附录 A-16：孔轴同心结构

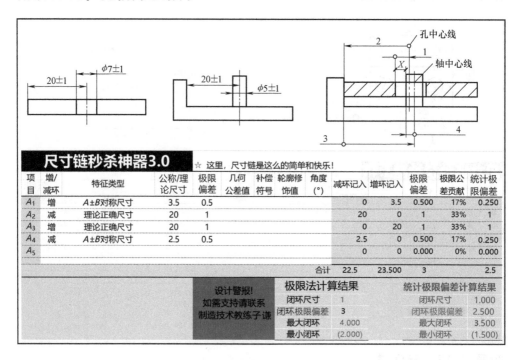

尺寸链秒杀神器3.0
☆ 这里，尺寸链是这么的简单和快乐！

项目	增/减环	特征类型	公称/理论尺寸	极限偏差	几何公差值	补偿符号	轮廓修饰值	角度(°)	减环记入	增环记入	极限偏差	极限公差贡献	统计极限偏差
A_1	增	$A\pm B$对称尺寸	3.5	0.5					0	3.5	0.500	17%	0.250
A_2	减	理论正确尺寸	20	1					20	0	1	33%	1
A_3	增	理论正确尺寸	20	1					0	20	1	33%	1
A_4	减	$A\pm B$对称尺寸	2.5	0.5					2.5	0	0.500	17%	0.250
A_5									0	0	0.000	0%	0.000
								合计	22.5	23.500	3		2.5

设计警报！如需支持请联系制造技术教练子谦	极限法计算结果		统计极限偏差计算结果	
	闭环尺寸	1	闭环尺寸	1.000
	闭环极限偏差	3	闭环极限偏差	2.500
	最大闭环	4.000	最大闭环	3.500
	最小闭环	(2.000)	最小闭环	(1.500)

附录 A-17：《产品尺寸链结构简称》

- ➢ X-起：面对面结构起始、终止面
- ➢ X-悬：悬空面对面结构起始、终止面
- ➢ X-无：无间道，基准面叠加产生的表面损失
- ➢ X-补：基准补偿
- ➢ X-AS：装配偏移，孔轴机构，板槽结构装置
- ➢ X-佛：孔、轴、板和槽实效边界
- ➢ X-补：基准补偿
- ➢ X-基：基本尺寸和理论尺寸
- ➢ X-回：回马枪，孔轴板槽中心到基准距离
- ➢ X-∩：轮廓度，带轮廓度的理论正确尺寸
- ➢ X-∩╱：倾斜轮廓度，带轮廓度的理论正确尺寸

附录 B 轴承座工艺参数与封闭环值分析表

附录 B-1：总表

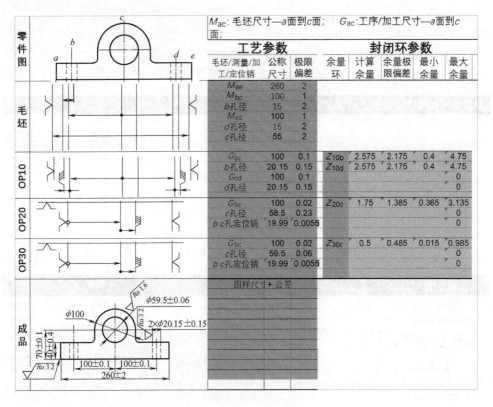

M_{ac}:毛坯尺寸—a面到c面; G_{ac}:工序/加工尺寸—a面到c面;

零件图	工艺参数			封闭环参数				
	毛坯/测量/加工/定位销	公称尺寸	极限偏差	余量环	计算余量	余量极限偏差	最小余量	最大余量
毛坯	M_{ae}	260	2					
	M_{bc}	100	1					
	b孔径	15	2					
	M_{cd}	100	1					
	d孔径	15	2					
	c孔径	55	2					
OP10	G_{bc}	100	0.1	Z_{10b}	2.575	2.175	0.4	4.75
	b孔径	20.15	0.15	Z_{10d}	2.575	2.175	0.4	4.75
	G_{cd}	100	0.1					0
	d孔径	20.15	0.15					0
OP20	G_{bc}	100	0.02	Z_{20c}	1.75	1.385	0.365	3.135
	c孔径	58.5	0.23					0
	b c孔定位销	19.99	0.0055					0
OP30	G_{bc}	100	0.02	Z_{30c}	0.5	0.485	0.015	0.985
	c孔径	59.5	0.06					0
	b c孔定位销	19.99	0.0055					0
成品	图样尺寸+公差							

成品图标注：Ra 1.6；$\phi 59.5 \pm 0.06$；Ra 3.2；$\phi 100$；$2 \times \phi 20.15 \pm 0.15$；$70 \pm 0.4$；$40 \pm 0.1$；Ra 3.2；$100 \pm 0.1$　100 ± 0.1；260 ± 2

附录 B-2：分表

余量编号和尺寸链编号：Z_{10b}孔边

3 B c to b
4 B b孔半径
2 OP10 c to b
1 OP10 b孔直径

序号	每环尺寸记录	公称尺寸		极限偏差	贡献率	统计极限偏差
		增环	减环			
1		10.075		0.075	3%	0.0056
2		100		0.1	5%	0.0100
3			100	1	46%	1.0000
4			7.5	1	46%	1.0000
5						
6						
7						
		110.075	107.5			
	封闭环极限尺寸	2.575	2.175			2.0156

余量编号和尺寸链编号:Z_{10d} 孔边

图示标签：3 B c to d；d孔半径；OP10 c to d 2；4；1；OP10 d孔直径

序号	每环尺寸记录	公称尺寸 增环	公称尺寸 减环	极限偏差	贡献率	统计极限偏差
1		10.075		0.075	3%	0.0056
2		100		0.1	5%	0.0100
3			100	1	46%	1.0000
4			7.5	1	46%	1.0000
5						
6						
7						
		110.075	107.5			
	封闭环极限尺寸	2.575	2.175			2.0156

余量编号和尺寸链编号:Z_{20c} 孔边

图示标签：2 OP10 b to c；1 B c孔半径；3 OP20 b孔定位误差；5 OP20 c孔半径；4 OP20 b to c

序号	每环尺寸记录	公称尺寸 增环	公称尺寸 减环	极限偏差	贡献率	统计极限偏差
1			27.5	1	72%	1.0000
2			100	0.1	7%	0.0100
3	OP20定位误差			0.15	11%	0.0225
4		100		0.02	1%	0.0004
5		29.25		0.115	8%	0.0132
6						
7						
		129.25	127.5			
	封闭环极限尺寸	1.75	1.385			1.0461

余量编号和尺寸链编号:Z_{30c}孔边

图示标签：2 OP20 b to c；3 OP20 b孔定位误差；1 OP20 c孔半径；4 OP30 b孔定位误差；5 OP30 b to c；6 OP30 c孔半径

序号	每环尺寸记录	公称尺寸 增环	公称尺寸 减环	极限偏差	贡献率	统计极限偏差
1	OP20 c孔半径		29.25	0.115	24%	0.0132
2	OP20 b to c	100		0.02	4%	0.0004
3	OP20定位误差			0.15	31%	0.0225
4	OP30定位误差			0.15	31%	0.0225
5	OP30 b to c	100		0.02	4%	0.0004
6	OP30 c孔半径	29.75		0.03	6%	0.0009
7						
		129.75	129.25			
	封闭环极限尺寸	0.5	0.485			0.0599

附录 C　《全微分法尺寸链计算神器》

全微分法尺寸链计算神器

| 序号 | | | | | 偏导公式 | 传递系数
(偏导公式计算) | 增减性 | 计算极
限偏差值 | 贡献率 |
	名称	环性质	公称尺寸	极限偏差					
1	X	封闭环	80	0.1		1	封闭环	0.1000	100%
2	H1	子环	40.3	0.1	$1/\tan\alpha$	0.3640	增	0.0364	36%
3	H	子环	40	0.05	$(-1/\tan\alpha)$	-0.3640	减	0.0182	18%
4	α	子环	1.2217	0.005	$(H-H1)/(\sin\alpha*\sin\alpha)$	-0.3397	减	0.0018	2%
5							1		
6							1		
7							1		
8							1		
9							1		
10							1		
求解环	A2	子环			1	1	增	0.0436	44%

已知环

109

附录 D 导数微分计算基本公式与运算法则

一、基本公式

1. 基本初等函数的导数公式

$c'=0$ （c 为任意常数）

$(x^{\alpha})'=\alpha x^{\alpha-1}$

$(a^x)'=a^x\ln a$，$(e^x)'=e^x$

$(\log_{a}x)'=\dfrac{1}{x\ln a}$，$(\ln x)'=\dfrac{1}{x}$

$(\sin x)'=\cos x$，$(\cos x)'=-\sin x$

$(\tan x)'=\sec^2 x$，$(\cot x)'=-\csc^2 x$

$(\sec x)'=\sec x\tan x$，$(\csc x)'=-\csc x\cot x$

$\sec\alpha=\dfrac{1}{\cos\alpha}$，$\csc\alpha=\dfrac{1}{\sin\alpha}$

2. 反三角函数的导数公式

$(\arcsin x)'=\dfrac{1}{\sqrt{1-x^2}}$

$(\arccos x)'=\dfrac{-1}{\sqrt{1-x^2}}$

$(\arctan x)'=\dfrac{1}{1+x^2}$

$(\text{arccot}\,x)'=\dfrac{-1}{1+x^2}$

二、运算法则

1. 定理

设函数 $u(x)$、$v(x)$ 在 x 处可导，则它的和、差、积与商 $\dfrac{v(x)}{u(x)}$（$u(x)\neq0$）在 x 处也可导，且

$(u(x)\pm v(x))'=u'(x)\pm v'(x)$

$(u(x)v(x))'=u(x)v'(x)+u'(x)v(x)$

$(uvw)'=u'vw+uv'w+uvw'$

$\left(\dfrac{v(x)}{u(x)}\right)'=\dfrac{u(x)v'(x)-u'(x)v(x)}{[u(x)]^2}$

2. 推论 1

$(cu(x))' = cu'(x)$ （c 为常数）.

3. 推论 2

$$\left(\frac{1}{u(x)}\right)' = -\frac{u'(x)}{u^2(x)}.$$

4. 多元函数微分计算

全微分：$\mathrm{d}z = \dfrac{\partial z}{\partial x}\mathrm{d}x + \dfrac{\partial z}{\partial y}\mathrm{d}y$　　$\mathrm{d}u = \dfrac{\partial u}{\partial x}\mathrm{d}x + \dfrac{\partial u}{\partial y}\mathrm{d}y + \dfrac{\partial u}{\partial z}\mathrm{d}z$

全微分的近似计算：$\Delta z \approx \mathrm{d}z = f_x(x,y)\Delta x + f_y(x,y)\Delta y$

多元复合函数的求导法：

$z = f[u(t), v(t)]$　　$\dfrac{\mathrm{d}z}{\mathrm{d}t} = \dfrac{\partial z}{\partial u} \cdot \dfrac{\partial u}{\partial t} + \dfrac{\partial z}{\partial v} \cdot \dfrac{\partial v}{\partial t}$

$z = f[u(x,y), v(x,y)]$　　$\dfrac{\partial z}{\partial x} = \dfrac{\partial z}{\partial u} \cdot \dfrac{\partial u}{\partial x} + \dfrac{\partial z}{\partial v} \cdot \dfrac{\partial v}{\partial x}$

当 $u = u(x,y)$，$v = v(x,y)$ 时

$\mathrm{d}u = \dfrac{\partial u}{\partial x}\mathrm{d}x + \dfrac{\partial u}{\partial y}\mathrm{d}y$　　$\mathrm{d}v = \dfrac{\partial v}{\partial x}\mathrm{d}x + \dfrac{\partial v}{\partial y}\mathrm{d}y$

附录 E 尺寸链计算公式

		极值法		概率法	
线性尺寸链	**位置**	**最大最小值法** 所有增环的最大值之和减去所有减环的最小值之和。	**列表法** $\begin{array}{c c c} & + & - \quad IT \\ 1 & \times & \quad\times \\ 2 & \times & \quad\times \\ 3 & \times & \quad\times \\ \hline & A \pm B \end{array}$	**列表法** $\begin{array}{c c c c} & + & - & IT \quad IT^2 \\ 1 & \times & & \times \quad \times^2 \\ 2 & \times & & \times \quad \times^2 \\ 3 & \times & & \times \quad \times^2 \\ \hline & A \pm B & & B^2 \end{array}$	
		所有增环的最小值之和减去所有减环的最大值之和。	**公式法** $T = \sum_i^n T_i$	**公式法** $X = \sum_i^n A_{i增} - \sum_j^m A_{j减}$ $T^2 = \sum_i^n T_i^2$	
	方向		**公式法** $\tan(\alpha_\varepsilon) = \sum_i^n \tan(\alpha_i)$	**公式法** $\tan^2(\alpha_\varepsilon) = \sum_i^n \tan^2(\alpha_i)$	
几何矢量		**最大最小值法** *根据几何矢量关系确定公式; *有些复杂结构无法找到。	**微分法** $T_\varepsilon = \sum_i^n \xi_i \cdot T_i$ $\xi_i = \dfrac{\partial f}{\partial A_i}$	**微分法** $T^2_\varepsilon = \sum_i^n (\xi_i \cdot T_i)^2$ $\xi_i = \dfrac{\partial f}{\partial A_i}$	